Was gehört eigentlich zu digitaler Mündigkeit? Ist es auch eine moralische Entscheidung, welche Software wir benutzen? Hat das Internet unsere Gesellschaft demokratischer gemacht? Wie sicher sind unsere Geräte? Was geschieht, wenn eine bösartige künstliche Intelligenz die Weltherrschaft an sich reißt? Und wie kann man angesichts des Ablenkungs- und Suchtpotenzials digitaler Techniken die Kontrolle über das eigene Leben bewahren? – Fabian Geier und Sebastian Rosengrün beantworten genauso versiert wie unterhaltsam die wichtigsten Fragen rund um die Digitalisierung. Ihr Buch bietet eine kurzweilige Einführung in die technischen, gesellschaftlichen, politischen und ethischen Dimensionen unserer digitalen Lebenswelt – und lädt zugleich dazu ein, über sie auch philosophisch nachzudenken.

Fabian Geier und **Sebastian Rosengrün** sind Philosophen und lehren an der CODE University of Applied Sciences in Berlin, wo sie ein geistes- und sozialwissenschaftliches Grundstudium für Studierende digitaler Berufe leiten. Sie arbeiten nicht nur zu Fragen der Technikphilosophie und der digitalen Kultur, sondern kennen sich auch mit Programmiersprachen, Logik und Psychologie aus.

Fabian Geier
Sebastian Rosengrün

Die 101 wichtigsten Fragen

Digitalisierung

C.H.Beck

Originalausgabe

© Verlag C.H.Beck oHG, München 2023
www.chbeck.de
Umschlaggestaltung: geviert.com, Andrea Wirl
Umschlagabbildung: © shutterstock
Satz: Fotosatz Amann, Memmingen
Druck und Bindung: Druckerei C.H.Beck, Nördlingen
Gedruckt auf säurefreiem und alterungsbeständigem Papier
Printed in Germany
ISBN 978 3 406 79898 6

myclimate
klimaneutral produziert
www.chbeck.de/nachhaltig

Inhalt

Algorithmen und künstliche Intelligenz 98

Software 114

Vorwort

Die Digitalisierung lässt sich schwer einfangen. Sie dringt in alles ein, drängt sich uns auf oder versteckt sich vor uns. Manchmal wollen und manchmal müssen wir sie besser verstehen lernen (schon allein, damit sie uns nicht besser versteht als wir sie). Dabei soll dieses Buch helfen.

Zum Verstehen braucht es zwei Dinge: Wissen und Nachdenken. Deshalb bieten wir hier nicht nur Fakten und Erklärungen, sondern auch Reflexion, d. h.: ein bisschen Philosophie. Es geht nicht nur darum, zu wissen, wie Blockchains und künstliche Intelligenz funktionieren, was Softwarepatente sind oder wie sich Musik- und Versicherungsindustrie digitalisieren. Es geht auch darum, zu erkennen, ob dezentrale Gesellschaftsarchitekturen ihr Versprechen von Freiheit und Autonomie einlösen oder ob Algorithmen uns im Zweifelsfall besser regieren als Menschen, wie eng Innovationsschutz und Innovationsbremsen beieinander liegen, und was durch komplexe Datenverarbeitungsmethoden für uns alle auf dem Spiel steht. Wir wollen weder eine Liste von Fakten sammeln noch eine politische Agenda propagieren, sondern dabei helfen, technische Phänomene analysieren und in größere Kontexte einordnen zu können. Kurz: Es geht um die Bildung des Urteilsvermögens.

Wissen ist kein bloßer Zustand, sondern in erster Linie eine Praxis. Daher erlauben wir uns, nicht alle Begriffe zu erklären, solange sie sich einfach nachschlagen lassen – und solange sich der Text auch ohne eigene Recherche flüssig lesen lässt. Da wir auch nicht alles wissen, beginnen wir bei Fragen. Aber auch Fragen sind kein Selbstzweck. Noch sind sie immer gute Fragen. Wir versuchen daher in diesem Buch auch herauszufinden, wie die wichtigsten Fragen zur Digitalisierung lauten, d. h. welche Fragen uns zu Erkenntnissen führen, die wesentlich und relevant sind. Manchmal geben wir auch Antworten. Manchmal kartografieren wir mögliche Antworten. Oder wir erproben Antworten, die, obwohl vielleicht falsch, man einmal durchdacht haben sollte (denn nur in Abgrenzung zu anderen Gedanken schärft sich der eigene). Und wenn wir Antworten geben, dann auch deshalb, weil es wohlfeil ist zu fordern, dass wir als Gesellschaft «endlich einmal» über diese Fragen reden sollten, während man das Führen der Debatte anderen überlässt.

Hervorgegangen ist dieses Buch aus unserer Arbeit an der CODE University of Applied Sciences in Berlin, wo wir seit 2017 ein Liberal Arts Programm für digitale Pioniere aufbauen. Der CODE-Community verdanken wir zahlreiche Gespräche, Diskussionen und Denkanstöße, die dieses Buch in vielerlei Weise bereichert haben. Ebenso danken wir unserem Lektor Dirk Setton und dem Verlag C.H.Beck sowie Martin Hähnel vom Verlag Karl Alber für die wunderbare Betreuung. Und nicht zuletzt auch David Rump für seine Tipps zu allen Rechtsfragen und Denis Schulz für seine Recherchen.

Fabian Geier und Sebastian Rosengrün
Berlin, Dezember 2022

Grundlagen

1. Was gehört zur digitalen Mündigkeit? Der Ruf nach mehr digitaler Bildung scheint weithin konsensfähig: Wir brauchen mündige digitale Bürger! Für den Wirtschaftsstandort Deutschland. Für die Sicherheit zu Hause und am Arbeitsplatz. Für verantwortungsbewussten Medienkonsum und das eigene psychische Wohlergehen. So recht und billig diese Forderung ist, was bedeutet sie eigentlich genau? Für «digitale Mündigkeit» gibt es im Englischen den Begriff «techno-literacy», der ausdrückt, dass es analog zum Lesen eine Schwelle gibt, unterhalb der man von der Teilnahme an essentiellen Kulturtechniken ausgeschlossen ist. Doch wo genau befindet sich diese Schwelle?

Wenn es um Partizipation geht – und so wird digitale Mündigkeit oft verstanden – denkt man an typische digitale Aktivitäten: Einen Clip posten, eine zu enge Hose bestellen, eine Tabelle anlegen, ein Videogespräch führen. Allerdings bedeutet digitale Mündigkeit dann die Kenntnis der User-Interfaces der größten Anbieter, also: Ein Video vom iPad aus auf TikTok posten, bei Amazon und Zalando bestellen, Microsoft Excel und Zoom benutzen.

Statt einer Förderung der Produkte der Marktführer fordern daher manche vehement einen Fokus auf die informatischen Grundkonzepte, um die User nicht noch abhängiger von den großen Anbietern zu machen. Das Bildungsziel sei vielmehr eine Art Poweruserin, die sich in Konfigurationen zurechtfindet, Treiber, Programme und vielleicht sogar ganze Betriebssysteme installieren kann und generell findig genug ist, sich mit Dokumentationen, Foren und Erklärvideos selbst zu helfen.

Über die Poweruser rümpfen wiederum diejenigen die Nase, die sich jenseits der graphisch aufbereiteten Konfigurationsinterfaces (‹Klickibunti›) auf der Kommandozeile bewegen, Log-Files lesen können und auch von Servern und Netzwerken, Protokollen und Ports eine Vorstellung haben. Wäre es nicht toll, wenn alle 8-Jährigen lernten, einen Rechner mit Textkommandos zu steuern? Das würde gleich das richtige Verständnis davon vermitteln, welche Komponenten hinter welcher Bildschirmmaske zusammenarbeiten. Sollte nicht jeder erkennen können, wie die eigene digitale Haustür dank Billigrouter und smarter Haushaltsgeräte sperrangelweit offensteht und fröhlich von Kühlschrankanbietern, Handyherstellern oder auch halbwüchsigen Poweruserinnen frequentiert wird, die sich in einer dunklen Ecke des Netzes ein passendes Programm heruntergeladen haben, das automatisiert unsichere Geräte hackt?

Und da sind wir noch nicht einmal bei Programmierkenntnissen: dem Vermögen, die Grundfähigkeiten von Rechnern nutzbar zu machen, wie auch zu verstehen, wie all das funktioniert, mit dem wir täglich unser digitales Leben bestreiten. Doch welche Programmiersprache soll es sein? Reicht ein graphisches Spielwerkzeug wie Scratch für die Grundlagen, oder brauchen wir mindestens das allgegenwärtige Python? Nein! Erst die Maschinensprache bzw. Assembler bringt uns bei, wie ein Prozessor intern arbeitet. Aber dann hat man natürlich immer noch kein NAND-Gatter selbst zusammengelötet und bleibt in Hardwarefragen sträflich unterbelichtet.

Keine Sorge, wenn Sie nicht alles verstanden haben. Wir wissen auch nicht, wo in diesem langen Aufstieg die richtige Ebene für den Schulunterricht oder die gesellschaftlich erwünschte Schwelle digitaler Kompetenz steckt. Aber es hilft vielleicht aufzuzeigen, welcher Wissensstand jeweils welche Implikationen hat. Auf jeder Ebene gibt es ein Doppelverhältnis von Macht und Ohnmacht, bzw. Autonomie und Abhängigkeit. Wer nur auf den User-Interfaces der großen Plattformen verkehrt, gewinnt und verliert Handlungsoptionen in dem Maße, in denen Google, Facebook oder Amazon sie gewähren. Wenn Slack beschließt, dass man nur mit acht Personen gleichzeitig sprechen kann, oder Apple einen Knopf verschwinden lässt, ist man diesen Entscheidungen vollständig ausgeliefert. Jede höhere Ebene erlaubt dagegen tendenziell ein größeres Maß an Kontrolle oder zumindest: ein besseres Verständnis davon, was tatsächlich mit uns geschieht. Die Illusion der Unmittelbarkeit eines Videogesprächs wird ersetzt durch das Bewusstsein des komplexen Zusammenspiels von Servern, Internet-Backbones, Netzwerkprotokollen und Content Delivery Networks – und davon, wer wo jeweils was mitprotokollieren kann. Man durchschaut die Illusion des privaten Lesens einer Nachrichtenseite durch die Kenntnis von Trackern und einer globalen Databroker-Industrie, die einem beim Lesen über die Schulter guckt und gegen die man erst dann ggf. etwas tun kann, wenn man von ihrer Existenz weiß.

Aus der Perspektive der nächsthöheren Ebene wirkt der User der jeweils niedrigeren immer relativ ungebildet, machtlos und abhängig. Und auf jeder höheren Ebene wird eine scheinbar monolithische Einheit (ein Videobild, ein Telefon oder ein Druckprozess) zu einer komplexen Ansammlung von Komponenten und Konfigurationen, die man verstehen und verändern kann. Und nur das Programmieren, d. h. algorithmisches Denken, vermittelt das richtige Gefühl dafür, was möglich ist, wie auch für die Skalierbarkeit von Prozessen, und die Erhebung, Verteilung und Verarbeitungsmöglichkeiten von Daten: Das praktische Verständnis dafür, dass alles, was wir in unsere Geräte eingeben, ausgewertet werden kann – jede Fingerbewegung, jeder Tap und jedes Augenzwinkern.

Bedeutet das, dass wir alle programmieren können sollten? Vielleicht. Nicht aber, dass es jeder können wird. Wir müssen eine digitale Gesellschaft gestalten, in der auch die Unwissenden geschützt bleiben. Doch Wissen bleibt die Basis dafür, mündige Urteile zu fällen. Und wenn man die Fakten kennt und versteht, stellt sich ein entsprechendes Werturteil oft von allein ein. Das ist auch eines der heimlichen Mottos dieses Buchs.

2. Besitzen Sie ein Smartphone? Wenn Sie diese Frage mit «Ja» beantworten können, ist das statistisch nicht weiter überraschend. Die Frage zielt aber nicht darauf, den Grad der Marktdurchdringung festzustellen. Sie ist vielmehr eine philosophische. Kurios ist nämlich – und das ist Sokrates schon aufgefallen –, dass uns die Bedeutung von Wörtern oft genau so lange klar ist, wie wir nicht danach gefragt werden. Kann eine Person die Frage nach dem Besitz eines Smartphones wie aus der Pistole geschossen beantworten, dann sollte man annehmen, dass sie weiß, was «besitzen» bedeutet. «Besitz» zu definieren ist allerdings wesentlich schwieriger (und spannender), als das Wort bloß zu benutzen. Man gerät dadurch in ein sokratisches Gespräch, in dem man mit immer neuen Definitionsversuchen oft scheitert, aber beim Scheitern eine Menge Einsichten gewinnt. In unserem Fall führt das Gespräch schnell dahin, dass man zwischen Eigentum und Besitz unterscheidet, ganz wie das Gesetz es tut: Der Eigentümer hält die grundlegenden Verfügungsrechte über einen Gegenstand, kann sie aber z. B. in einem Mietverhältnis temporär veräußern und einen Besitzer einsetzen. Besitz bezeichnet dann die legitime, faktische Kontrolle über einen Gegenstand.

Besitz ist also gleichbedeutend mit Kontrolle. Nun stellt sich aber die Frage: Kontrollieren Sie Ihr Smartphone? Und da sieht die Antwort plötzlich anders aus. Mein Taschenmesser kontrolliere ich: Ich bestimme, ob die Klinge oder der Dosenöffner ausgeklappt wird. Ich kann es aufschrauben oder umbauen, wenn ich möchte. Solange ich es besitze, geschieht nichts mit dem Messer, das ich nicht will. Nicht so mit dem Smartphone. Zu jeder beliebigen Zeit laufen darauf dutzende Programme, die ich weder sehen noch kontrollieren kann. Die Nutzerin hat üblicherweise nicht einmal Administratorrechte, während die Hersteller des Systems beliebig Programme starten, beenden oder, wie Amazon damals mit Orwells *1984*, sogar Daten löschen können. Bestimmte Anbieter haben also mehr Kontrolle über das Gerät in unserer Tasche als wir selbst. Besitzen Sie nun ein Smartphone? Vielleicht ergibt sich immer noch kein deutliches «Nein», aber ein deutliches Zögern. Und dieses Zögern bedeutet im Allgemeinen, dass sich im Kopf etwas zu bewegen beginnt.

Diese Bewegung ist ein Resultat der sokratischen Mäeutik («Hebammenkunst»): der Technik, durch gezieltes Nachfragen

Erkenntnis anzustoßen – und zwar durch reines Nachdenken über das, was man schon weiß oder zu wissen meint, und nicht durch das Erlernen neuer Fakten. Und gerade im Computerzeitalter sollten wir uns klarmachen, dass das Sammeln von Fakten nicht unbedingt das Gleiche ist wie Einsicht und Verstehen.

3. Wie funktioniert eigentlich ein Computer? Ein Computer rechnet irgendwie mit Nullen und Einsen, klar. Aber wie tut er das? Erstens hat er einen Speicher, in dem sich in Nullen und Einsen übersetzte Informationen befinden (z. B. das Wort «Maus» als 01001100 01100001 01110101 01110011). Die Nullen und Einsen werden dabei päckchenweise als größere binäre Zahlen gelesen. Manche dieser Zahlen repräsentieren Zeichen oder sie fungieren als «Bitmaps», d. h. Speicherbereiche, die man 1:1 auf einen Monitor projiziert, um Grafiken anzuzeigen (aus den Nullen und Einsen werden dann Pixel). Zweitens hat ein Computer die Fähigkeit, die gespeicherte Information anhand von logisch-mathematischen Regeln zu verändern. Diese Regeln – d. h. Programme – sind nicht ein für alle Mal festgelegt, sondern selbst wiederum in bestimmten Bereichen des Informationsspeichers abgelegt. Man kann die Regeln daher nicht nur neu festlegen: Sie können sich auch selbst (wiederum nach Regeln) umschreiben und dadurch Kaskadeneffekte erzeugen. (Ganz einfach gesagt ist also ein Computer eine Implementierung einer universellen Turing-Maschine in einer Von-Neumann-Architektur.)

Was Computer also besonders gut können, ist erstens: Daten speichern, und zwar unglaublich viele davon, am besten in strukturierter Form als Tabelle bzw. Datenbank. Und zweitens: mit diesen Daten alles tun, was regelmäßig und wiederkehrend ist: Immer wieder 37 zu einer Zahl addieren. Listen nach bestimmten Zeichenketten durchsuchen. Daten kopieren. Zufällige Muster durchspielen, bis eines zu einem gegebenen Datensatz passt. Schwierig für Computer ist dagegen alles, was vage und wechselhaft ist: Situationen, deren Parameter sich dauernd ändern oder nur schwer in Datenstrukturen und Regeln übersetzt werden können. Deswegen spielen Computer schon lange besser Schach als Menschen, schaffen es mit viel Aufwand, Objekte auf Bildern zu erkennen, und tun sich immer noch schwer damit, witzig zu sein.

Zu all dem kommt nun ein wenig bekannter, aber entscheidender Punkt: Im Computer gibt es keine individuellen Gegenstände. Jeder sich bewegende Cursor ist z. B. nur ein Prozess von Kopier- und Löschvorgängen einer im Speicher vorhandenen Struktur, mit dem man die Illusion einer Bewegung erzeugt. Was einmal gespeichert ist, kann – anders als physische Gegenstände – beliebig oft manifestiert werden. Das erklärt, warum Computer von Anfang an ein Problem für die Durchsetzung geistigen Eigentums waren: Nachrichten, Lieder, Filme, und Bücher sind ja keine Einzeldinge, sondern Strukturen und somit reproduzierbar.

Aus diesen Fakten folgt, warum Prozesse und Informationen innerhalb von digitalen Welten ganz anders skalieren als in der physischen Welt. Günstigenfalls befreien uns Computer von den Fesseln und Beschränkungen der physischen Existenz: Bei digitalen Gegenständen gibt es aus Prinzip keine Knappheit. Wenn wir nur noch die Ein- und Ausgabemedien perfekt an die menschliche Struktur anpassen, können wir prinzipiell jede Information in jede andere Information umwandeln, oder anders gesagt: jede denkbare menschliche Erfahrung beliebig modifizieren und rekonfigurieren und jedem zur Verfügung stellen. Die technische Realität hinkt diesem Traum freilich noch etwas hinterher. Dessen Konturen zeichnen sich aber in unserem immer digitaleren Alltag immer deutlicher ab.

4. Ist es auch eine moralische Entscheidung, welche Software wir benutzen? Moral ist ein großes Wort, daher nur drei kleine Anmerkungen dazu, die im Wesentlichen einen Punkt illustrieren: In der hoch vernetzten Digitaltechnik ist man von dem, was man erwirbt, installiert und benutzt, meistens nicht allein betroffen.

Software zu erwerben bedeutet, sich in eine lange Kette von Abhängigkeiten zu begeben. Eine HoloLens 3D-Brille braucht einen Facebook-Account. Für WhatsApp braucht man ein Telefon und damit entweder Android oder iOS. Microsoft Office funktioniert nur mit der Microsoft Cloud. Eine Funktion oder ein Produkt erfordert typischerweise ein ganzes Software- (und Hardware-) Paket. Mit einer Produktentscheidung handelt man sich daher auch alle potentiellen ethischen (wie auch technischen) Probleme des ganzen Pakets mit ein. Für jedes einzelne Element des Pakets gilt nun Folgendes:

Erstens: Interoperabilität – d. h. die Frage, welche technischen Komponenten mit welchen anderen zusammenarbeiten – ist ein Schlachtfeld, auf dem oft mit harten Bandagen Konkurrenz-kämpfe ausgefochten werden. Technisch wäre es leicht und für Nutzerinnen total sinnvoll, wenn Apples Keynote-Programm eine Microsoft-Power-Point-Datei öffnen oder Signal auf WhatsApp-Nachrichten zugreifen könnte – dafür gibt es öffentliche Stan-dards und Standardisierungsgremien. Für die Anbieter dagegen ist gezielte Inkompatibilität ein wesentlicher Baustein (und oft wichtiger als die Qualität der Produkte), um Kontrolle über ihre Kundinnen zu behalten – was unter Stichworten wie «Lock-in-Effekte» oder «Walled Garden» bekannt ist. Und da Unternehmen, Institutionen und Freundeskreise darauf angewiesen sind, dass Kommunikation und Datenaustausch funktionieren, agieren sie dann als verlängerter Arm dieser Geschäftspraktiken, indem sie bestimmte Technologien bei ihren Mitgliedern voraussetzen.

Zweitens: Mit der Nutzung eines Produkts honoriert man alle geschäftlichen Entscheidungen, die zu diesem Produkt und sei-ner Marktposition geführt haben. Das betrifft nicht nur Ausbeu-tung in den Lieferketten, von Koltanabbau und systematischer Vergewaltigung im Kongo bis zu Selbstmorden von Fabrikarbei-tern in China und Managern in Korea, dank derer unsere Tele-fone erschwinglich bleiben. Vielmehr gilt das Prinzip auch im Digitalmarkt selbst: Wenn z. B. Microsoft massiv Standards un-tergräbt, die technisch überlegene Konkurrenz mit legalen und illegalen Methoden zerstört, und Kunden durch Lock-In-Effekte an der Abwanderung hindert, dann ist jeder Kauf einer MS-Lizenz ein dickes «Prima! Weiter so!» für die Konzernführung und legitimiert die bisherige Geschäftspraxis.

Und schließlich: Bei allen Produkten, die in irgendeiner Weise mit anderen Menschen interagieren, ist man mit seiner Produktentscheidung ohnehin nie unabhängig. Am offensichtlichsten gilt das für Messenger und soziale Netzwerke: Wenn ich auf Tik-Tok, BeReal oder Instagram bin, erhöhe ich den Druck auf alle meine Freunde und Freundinnen, das ebenfalls zu sein. Wenn ich die Google Suite für mein Startup benutze, zwinge ich alle künftigen Mitarbeiter, sich von Google und der NSA durchleuchten zu lassen.

5. Wie bewahren Sie angesichts des Ablenkungs- und Suchtpotenzials digitaler Techniken die Kontrolle über Ihr Leben?

6. Was ist Digitalisierung? Die Digitalisierung lässt sich verstehen als das Ersetzen analoger Prozesse (und Technik) durch digitale. Digital ist alles, was eindeutig bezifferbar ist (engl. «digit», «Ziffer»), während alles Analoge stufenlos und in unterschiedlichen Qualitäten daherkommt. Eine Digitaluhr vereindeutigt die Zeit auf dem Display, sie wird auf exakte Minuten und Sekunden heruntergebrochen. Ein analoges Zifferblatt (oder gar eine Sonnenuhr) lässt Spielraum und repräsentiert den stufenlosen Fluss der Zeit: Es gibt «etwas» zwischen 12:00:00 und 12:00:01. Doch dieses Dazwischen ist zu unscharf, um es festzuhalten, da ein analoges Zifferblatt kaum mehr verrät als «es ist gegen 12 Uhr».

Das klingt romantisch, ist aber unpraktisch: Wer sich zum Dinner verabreden will, wenn die Sonne leise am Horizont verschwindet, mag damit ein Date beeindrucken, aber gewiss keinen potentiellen Geschäftspartner. Eine analoge Menschheit kann keine Bahnfahrpläne (die Vereinheitlichung der Zeit im 19. Jahrhundert geht vor allem auf das Aufkommen der Eisenbahn zurück), Interkontinentalflüge und Weltraummissionen koordinieren. Und schon gar keinen Computer bauen, der zum Paradigma der Verzifferung der Welt geworden ist. Paradoxerweise reduziert dieser aber nur in der Theorie jede Information auf Nullen und Einsen. Jede 0 entspricht in der Praxis einem Impuls aus niedriger, jede 1 einem Impuls aus hoher Spannung (und nicht, wie manchmal vereinfacht dargestellt wird, einem binären Strom aus/an). Die Reduzierung dieser Impulse auf 0 und 1 findet erst im Kopf statt: Die Digitalisierung ist ein theoretisches Konzept, das wir in eine analoge Praxis hineinlesen wollen.

Mit der Digitalisierung kommen Universalität, Vereindeutigung und Gleichzeitigkeit in die Welt. Jede Kopie einer digitalisierten Information ist identisch mit dem Original. Informationen werden auf das Bezifferbare reduziert und das Dazwischen getilgt. Informationen sind überall und jederzeit dieselben. Dies ist gut, überall dort und immer dann, wo Universalität, Vereindeutigung und Gleichzeitigkeit hilfreich sind. Und kritisch, wo Individualität, Unschärfe und Spielraum wichtiger wären für das menschliche Miteinander, Erleben und Selbstverständnis.

Digitalgeschichte

7. Was waren Alan Turings wichtigste Beiträge zur Technikgeschichte? Für sich genommen sind historische Fakten nicht besonders relevant, da sie ja vergangen sind. Sie werden relevant nur durch das, was sie bewirken, repräsentieren, was man mit ihnen verbindet oder eben: was man in ihnen zu lesen vermag. Alan Turing kann man auch als historisches Faktum betrachten: Er war entscheidend zu seiner Zeit, aber völlig entbehrlich für das Verstehen heutiger Digitaltechnik – es sei denn, man fällt einem museal gesinnten Lehrer in die Hände. Turing war maßgeblich an der Entschlüsselung des deutschen Militärfunkverkehrs im Zweiten Weltkrieg beteiligt. Er legte mit der Konzeption von Turing-

Maschinen wichtige Grundlagen für moderne Computertechnik und brachte die Idee auf, die Fähigkeiten einer künstlichen Intelligenz durch einen blinden Vergleich mit echten Menschen zu testen. Aber warum sind diese Fakten wichtig? Welchen Unterschied machen sie für uns hier und heute? Das ist, was wir an verschiedenen Stellen in diesem Buch zeigen wollen – z.B. wie Turings Grundprinzip der Programmierbarkeit den Grundstein für informatische Allmachtsfantasien legt (→ 72), wie es ihm gelingt, den Diskurs über künstliche Intelligenz zu versachlichen (→ 65), oder wie seine Arbeit für die britische Regierung die veränderte Rolle der Informationstechnik in Konfliktsituationen vorwegnimmt (→ 48).

Eine einzige dieser drei Errungenschaften hätte Alan Turing einen Platz im Pantheon der Computerwissenschaften gesichert. Doch alle drei zusammen zeugen von einem Kopf, dessen Denkweisen und Fähigkeiten epochemachend waren. Menschen sind aber nicht nur Köpfe: Turing wurde 1952 wegen Homosexualität verurteilt und dann, durch eine erzwungene Hormonbehandlung impotent und entstellt, aus dem Geheimdienst entlassen. Im Alter von 41 Jahren nahm er sich vermutlich das Leben. In den späten 2000er Jahren begannen Aktivisten damit, das ihm geschehene Unrecht in die Öffentlichkeit zu tragen. Im Jahr 2013 wurde Turing durch ein Royal Pardon von Elizabeth II. offiziell begnadigt und rehabilitiert.

8. Wer war Ada Lovelace? Die Mathematikerin Ada Lovelace (1815–1852) wurde für ihre Arbeiten über die Analytical Engine von Charles Babbage bekannt. Lovelace erkannte, dass diese mechanische Rechenmaschine – ein wichtiger Vorläufer des Computers – mehr als nur einfache Kalkulationen durchführen konnte, und sie entwickelte bald ein Programm zur Berechnung von Bernoulli-Zahlen. Dieses gilt heute gemeinhin als das erste Computerprogramm der Welt.

Lovelace war die Tochter des romantischen Dichters Lord Byron, hatte ihren Vater aufgrund dessen ausschweifenden Lebenswandels aber kaum kennengelernt. Das 19. Jahrhundert, inspiriert durch die literarische Romantik, war jedoch voller Begeisterung für die sich etablierenden Naturwissenschaften und vor allem für die Mathematik: Automaten und Maschinen zu entwickeln, die dem Menschen überlegen sein können, war eine weit verbreitete Dys- bzw. Utopie. Umso bemerkenswerter ist folgendes Argument, das Alan Turing später als «Einwand der Lady Lovelace» bekannt machte und bis heute die Debatte um künstliches Bewusstsein und Kreativität von Maschinen prägt: Lovelace zufolge ist die Analytical Engine nämlich nur in der Lage, zu tun, wofür menschliche Programmierer die entsprechenden Befehle erteilen. Etwas Neues, Überraschendes, Kreatives kann die Maschine daher nicht selbst erzeugen.

Auch mit dieser Einsicht war Ada Lovelace ihrer Zeit weit voraus. Ihr nur 36-jähriges Leben, in dem sie mit vielen widrigen Umständen kämpfen musste, ist daher auch eine mahnende Erinnerung an eine Vergangenheit, in der Frauen der Zugang zu Bildung, Wissenschaft und Technik verwehrt blieb.

9. Wo kommt das alles her?

- 1703 (er)fand Gottfried Wilhelm Leibniz das binäre Zahlensystem.
- 1837 veröffentlichte Charles Babbage seinen Entwurf zur Analytical Engine.
- 1941 stellt Konrad Zuse mit dem Z3 den ersten funktionsfähigen Digitalrechner der Welt vor.
- 1969 beginnt mit dem Arpanet die Geschichte des heutigen Internets.
- 1989 schreibt Tim Berners-Lee seinen ersten Entwurf für die Entwicklung des WWW.
- 1992 postet Berners-Lee das erste Foto im WWW.
- 1996 wird das Internet zu einem Massenmedium und kommerziell interessant.
- 1998 wird Google gegründet.
- 2000 platzt die Dot.com-Blase.

- 2003 übertreffen in den USA Kartenzahlungen die Bargeldzahlungen.
- 2005 wird das erste YouTube-Video veröffentlicht.
- 2010 überholt der Online-Werbemarkt den Print-Werbemarkt.
- 2011 verkauft Amazon mehr Bücher auf dem Kindle als gedruckte.
- 2012 erreicht das Gesamtvolumen von eCommerce 1 Billion US-Dollar.
- 2013 veröffentlicht Edward Snowden Materialien, die das Ausmaß der Massenüberwachung US-amerikanischer Geheimdienste zeigen.
- 2014 gibt es mehr mobile Internetgeräte als Menschen auf der Erde. Gleichzeitig übersteigt erstmals die mobile Internetnutzung diejenige durch stationäre PCs und Laptops.
- 2016 entdeckt Yahoo!, dass alle 3 Milliarden seiner User-Accounts kompromittiert wurden.
- 2020 erreicht der Markt für Smart-Home-Produkte 98 Milliarden US-Dollar.
- 2020 übertrifft der Energieverbrauch von Bitcoin-Mining den von Schweden.
- 2021 allein wird WhatsApp 600 Millionen Mal heruntergeladen und hat 2 Milliarden aktive User.

Digitale Gegenwart

10. Macht die Digitalisierung alles gleich? Es ist immer ein schöner Vorwurf, anderen – vorzugsweise Jüngeren – vorzuwerfen, sie klebten die ganze Zeit an ihren Geräten. Freilich steckt eine gewisse, vielleicht sogar gewollte Ignoranz in dem Satz. Man schert dabei nämlich all die verschiedenen Aktivitäten und Gefühle, Lernprozesse und Arbeiten, Erholung, Erkundung und das halbe Sozialleben über einen Kamm, das und die durch diese Geräte stattfinden. Wer mit digitalen Werkzeugen aufwächst, kann den Vorwurf daher kaum ernst nehmen, weil er jedes Verständnis für die bes‹ dere Realität und Relevanz digitaler Lebensäußerungen vermis‹ lässt. Mit gleichem Recht könnte man auch sagen, dass jemand tagein, tagaus das gleiche tue, nämlich Arme und Beine bewegen. Geräte sind natürlich keine Körperteile (auch wenn sie sich manchmal so anfühlen). Der Vergleich macht aber trotzdem zwei Dinge deutlich: Für einen guten Vorwurf muss man erstens auf die richtige Tiefe heranzoomen. Und das heißt einerseits, die Werkzeuge zu ignorieren. So wie man eben irgendwann nur noch «Telefon» sagt und nicht mehr «Smartphone». Das immergleiche Werkzeug verschwindet aus dem Bewusstsein: Wer die Digitalisierung in all ihren Facetten lebt, der muss mit dem Werkzeug und mit der spezifisch defizitären Art eins werden, in der es uns die Welt erschließt – ganz wie auch unsere Arme und Beine mit ihren spezifischen Bieg- und Beugbarkeiten und Reichweitenproblemen unsere verschiedenen Tätigkeiten limitieren und zum Leben erwecken. Es ist dieses Leben, das der Vorwurf ignoriert.

Was nicht heißt, andererseits, dass dieses Leben nicht kritisierbar wäre. Aber dafür brauchen wir bessere und spezifischere Fragen: Was verändert die Digitalisierung im Verhältnis zwischen uns und der Welt? Bringt der digital vermittelte Zugang uns die Welt näher oder entfremdet er uns von ihr? Erlaubt uns das digitale Dasein größere Entfaltung, oder verengen und verdinglichen wir darin nur uns und andere? Werden wir entweder ausgebeutet oder obsolet? Das Internet brachte uns auch die Weisheit: «Nobody on their deathbed ever said: Jeesh, I wish I had spent more time in front of a screen.» Und auf den Bildschirm, den großen Gleichmacher, starren wir ja nun irgendwie alle – Fabrikarbeiter und Lehrer, Chefin und Aktionärin, Buchhalter und Mechatroniker, Zugführerin und Spielführerin. Nur bei Amazon darf man noch laufen. Und bei Deliveroo Fahrrad fahren.

11. Wird uns die Digitalisierung den Job kosten? Das haben wir den «Futuromaten» gefragt, den das Institut für Arbeitsmarkt- und Berufsforschung (als Teil der Agentur für Arbeit) entwickelt hat. Das geht online unter www.job-futuromat.iab.de. Als Philosophen können wir beruhigt sein: Unsere Kerntätigkeiten können mit einer Wahrscheinlichkeit von 0% – Stand heute – automatisiert werden. Und doch werden wir gewarnt: «ABER: Technologien entwickeln sich weiter, Tätigkeitsprofile wandeln sich.»

Dieser gut gemeinte Hinweis trifft zu, seit es überhaupt Tätigkeitsprofile und ein organisiertes Arbeitsleben gibt. Manche Tätigkeitsprofile fallen sogar einfach weg: Seit es elektrische Straßenlaternen gibt, braucht es keine Laternenanzünder mehr. Seit es Lecksuchgeräte gibt, braucht es keine Gasriecher mehr, die Lecks in unterirdisch verlaufenden Gasleitungen erschnüffeln. Seit es Kreditkarten und Geldautomaten gibt, braucht es keine Schaltermitarbeiter mehr, die Ein- und Auszahlungen für Kunden vornehmen. Perfiderweise gehörte es bis vor kurzem noch zum sich wandelnden Tätigkeitsprofil von Schaltermitarbeitern, Kunden von den Vorzügen jener Techniken zu überzeugen, die das eigene Tätigkeitsprofil überflüssig machten.

Offensichtlich ist auch, dass der Wandel der Tätigkeitsprofile durch die Digitalisierung einen neuen Schub erhielt. Während durch die Industrialisierung und Automatisierung früherer Jahrzehnte vor allem körperliche Arbeiten und repetitive Tätigkeiten durch Maschinen ersetzt wurden, sind zunehmend auch Berufe betroffen, in denen menschliches Urteilsvermögen und Kreativität gefragt sind: Anwälte und Richter werden durch algorithmenbasierte Entscheidungssysteme unterstützt (→ 64), journalistische und wissenschaftliche Texte durch Natural Language Processing übersetzt und sogar verfasst (→ 70), und soziale Roboter übernehmen zunehmend wichtige Aufgaben in der Kinderbetreuung und Altenpflege.

Ist das schlimm? Gasriecher waren im 19. Jahrhundert ungemein wichtig. Dass seit den 1920er Jahren niemand mehr diese trostlose und gefährliche Tätigkeit ausüben muss, ist aber nichts, das es gesellschaftlich zu bedauern gilt. Menschliche Arbeit durch technischen Fortschritt überflüssig werden zu lassen, wollen irgendwie alle – egal ob Kapitalist oder Kommunist: Für Karl Marx etwa ist die Technisierung des Arbeitslebens wichtiger Teil des utopischen Zustands, in dem niemand mehr arbeiten muss und sich jeder selbst verwirklichen kann.

Gegenwärtig genießen und verdienen einige Berufe gerade deshalb so eine hohe Wertschätzung, weil sie im Zeitalter industrieller Massenherstellung «überflüssig» geworden sind: Niemand «braucht» handgetöpferte Keramik oder handgebackenes Brot. Dennoch sind viele Menschen bereit, mehr für menschliche Handarbeit zu bezahlen. Manchmal hat das mit romantischer Nostalgie zu tun, manchmal ist das Produkt auch qualitativ hochwertiger. Meistens ist beides der Fall.

Auch das Argument, dass durch technischen Fortschritt neue Berufsbilder und dadurch Arbeitsplätze entstehen, ist nicht falsch, wenngleich es künftig etwa für die Entwicklung des autonomen Fahrens und der sozialen Robotik deutlich weniger Softwareentwickler brauchen wird als gegenwärtig LKW-Fahrer und Pflegefachkräfte. Hinzu kommt, dass diejenigen, deren Tätigkeitsprofil von der Digitalisierung besonders bedroht ist, ohne den entsprechenden politischen Gestaltungswillen kaum von den Vorzügen der Digitalisierung profitieren werden und sich – berechtigt oder nicht – von dieser abgehängt fühlen werden.

Roboter- und Maschinensteuer, globale Besteuerung der großen Digitalkonzerne, bedingungsloses Grundeinkommen und ein gleichberechtigter Zugang zu digitaler Bildung sind immer wieder genannte Ideen zur politischen Gestaltung des Wandels auf dem Arbeitsmarkt. Sie werden nicht verhindern, dass manche Jobs überflüssig werden. Sie können aber dazu beitragen, dass sich weniger Menschen davor fürchten müssen. Vor allem aber unterstreichen sie, dass die Auswirkungen der Digitalisierung immer auch im Kontext des jeweilig herrschenden Wirtschaftssystems beurteilt werden müssen (und umgekehrt).

12. Markiert die Digitalisierung eine Zeitenwende? Vielleicht ist es manchmal etwas überdreht (und immer ein bisschen selbstwidersprüchlich), sich in einem permanenten Ausnahmezustand zu wähnen. Doch Übertreibungen und Klischees gehören dazu: Unsere Zeit ist de facto eine Umbruchphase. Das Leben meines Kindes ist sehr viel verschiedener von dem meines Vaters als dessen Leben von dem seiner Großmutter. Und die damit einhergehende Unsicherheit erklärt die große Nachfrage nach Visionen, Manifesten und Büchern, die uns die Zukunft deuten. Da wird schon mal, wie in Max Tegmarks *Life 3.0* oder David Christians *Zukunft Denken,* über die nächsten Milliarden Jahre spekuliert, was angesichts dessen, wie unvorhersehbar schon Französische Revolution, Holocaust und Internet für einen Menschen des 16. Jahrhunderts waren, recht sportlich ist.

Die Geschichte zeigt, dass Menschen notorisch schlecht darin sind, Voraussagen über ihre eigene Zukunft zu treffen. Für einige Jahrzehnte gelingt es uns gelegentlich: Jules Verne nahm Raumfahrt und Unterseeboote vorweg, Star Trek Tablets, Touchscreens und Videogespräche. Aber das sind technische Vorhersagen, keine geistigen: Nicht umsonst füllt Science Fiction, von Solaris und Star Wars bis zu den Transhumanisten, die hochgerechneten technischen Entwicklungen meist mit den kulturellen Kategorien der Gegenwart.

Der wohl erfolgreichste Erklärer unserer technisch geprägten Zukunft ist Yuval Harari, mit Büchern wie *Eine kurze Geschichte der Menschheit, Homo Deus* oder *21 Lektionen für das 21. Jahrhundert.* Den öffentlichen Diskurs bringt er weiter, wenn er z. B. Aufmerksamkeit dafür schafft, dass die Digitalisierung eine neue Gesellschaftsklasse der Nutzlosen erzeugt, oder wenn er im Bereich der KI Bewusstsein von Intelligenz trennt, um zu fragen, was eigentlich passiert, wenn hochintelligente nichtbewusste Maschinen uns besser kennen als wir selbst. Andererseits wirkt es, als seien seine auf lange Zyklen gerichteten Bücher schon nach fünf Jahren ein wenig von der Geschichte eingeholt, wenn Harari z. B. kaum Gefahr in Pandemien sieht, die Nuklear- und Kriegsgefahr zwischen europäischen Ländern für gebannt hält oder verneint, dass das chinesische Modell eine ernstzunehmende Konkurrenz zur liberalen Demokratie darstelle. Und besonders krude wird es leider, wenn Harari annimmt, dass man weltweit alle politischen Phänomene des 20. Jahrhunderts auf drei Ideen reduzieren könne, die nacheinander zu Fall kamen: Faschismus und Kommunismus seien Geschichte, und der noch überlebende Liberalismus sei nun vom «Dataismus» bedroht, einer technokratischen Regierungsform, innerhalb derer die Grundkategorien von Autonomie und Individualität sinnlos werden.

Die letzte These hat ja einen wahren und wichtigen Kern. Und sicher darf man als Weltgeschichtler auch mal grob vorgehen, um den Wald vor lauter Bäumen nicht zu übersehen. Doch wenn der Wald gar nicht mehr viel damit zu tun hat, wo tatsächlich Bäume wachsen – d. h. wenn die vorgeschlagenen Kategorien Einzelereignisse gar nicht mehr einordnen können –, dann ist das ganze Unternehmen vielleicht doch selbst mehr Agenda als Analyse: ein Spielstein, der Wünsche und Ängste der Gegenwart abbildet und bedient. Eines exemplifiziert Harari aber mit all seinen Stärken und Schwächen auf jeden Fall: Die Tendenz von Technikdeutern, wenige einfache Prinzipien in die ferne Zukunft zu extrapolieren, anstatt sich adäquat mit der Komplexität der Gegenwart auseinanderzusetzen.

13. Was ist Technik? Was Technik ist, wissen wir genau so lange, bis wir nach einer exakten Definition gefragt werden. Eine einigermaßen genaue und konsensfähige Definition von «Technik» ist illusorisch. Philosophische Begriffsarbeit kann hier aber einige wichtige Impulse für das Verständnis liefern.

Es ist erstaunlich, dass in der Philosophie erst relativ spät systematisch über Technik nachgedacht wurde. Ernst Kapps *Grundlinien einer Philosophie der Technik* von 1877 gilt als die Gründungsschrift der modernen Technikphilosophie. Davor gab es zumeist nur Randbemerkungen, v. a. im Kontext des von Aristoteles geprägten Begriffs «téchne», der den anwendungsbezogenen oder praktischen Teil menschlicher Tätigkeiten und menschlichen Wissens beschreibt und auf den «Technik» etymologisch zurückgeht. Kapps Technikphilosophie baut auf einer These von Johann Gottfried Herder auf, demzufolge der Mensch als Mängelwesen geboren wurde. Technik ist demnach, was seine Mängel ausgleicht und menschliche Organe unterstützt, erweitert oder überflüssig macht: Ein Hammer erweitert die menschliche Faust, ein Fernrohr das menschliche Auge. Das später von Arnold Gehlen geprägte einflussreiche Menschenbild als Mängelwesen gründet sich darauf ebenso wie der gegenwärtige Trans- und Posthumanismus (→ 19), für den die Technik aber nicht die organischen Mängel des Menschen bloß kompensieren, sondern ihn verbessern, erneuern und letztlich überflüssig machen soll.

Historisch bedeutsam ist die Definition von Friedrich von Gottl-Ottlilienfeld, der Technik als das «abgeklärte Ganze der Verfahren und Hilfsmittel des Handelns» begreift. Nick Bostrom versteht, in seinem Aufsatz zur «Zukunft der Menschheit», Technik sehr ähnlich als «die Summe aller instrumentell nützlichen kulturell übertragbaren Informationen». Interessant hierbei ist, dass der Technikbegriff viel mehr umfasst als oftmals angenommen: Straßenkarten, die binomischen Formeln, die menschliche Sprache und die Steuergesetzgebung sind Technik – genau wie Schraubenzieher, Computer und autonome Waffensysteme. Streng genommen sind die letztgenannten nicht einmal Technik, sondern Artefakte, die nach technischen Verfahren hergestellt wurden.

Begriffspedanten (wie zwei Drittel von uns) beharren gerne darauf, dass die deutsche Sprache einen Unterschied zwischen «Technik» und «Technologie» zu machen scheint, der jedoch u. a. durch den Einfluss der englischen Sprache verschwimmt, wo beides schlicht «technology» heißt. Ursprünglich bezeichnet «Technologie» (zusammengesetzt aus griech. *techné* und dem vieldeutigen Wort *logos*) eine Geisteshaltung oder eine gesellschaftliche Vorstellung davon, was Technik ist und wie Technik die Gesellschaft prägt. Wichtiger als diese begriffliche Unterscheidung ist aber ihre Konsequenz: Viele Technikbegriffe sind funktional und deskriptiv. Technik aber verändert unmittelbar, wie Menschen die

Welt wahrnehmen, über sie nachdenken, in ihr handeln und miteinander zusammenleben. Technik bildet ihre eigene Technologie aus. Oder vereinfacht gesagt: Technik ist immer schon moralisch und damit viel mehr als nur ein Werkzeug.

14. Warum ist Technik mehr als nur ein Werkzeug? Wenn man Technik richtig anwendet, bringt sie viele Chancen mit sich. Wenn man Technik falsch anwendet, kann sie gefährlich werden. Dass dieses weit verbreitete Verständnis von Technik als Werkzeug grundverkehrt ist, belegt eindrücklich die Schusswaffen-Debatte in den USA. «Guns don't kill people, people kill people» lautet der berühmte Slogan der dortigen Waffenlobby: Nicht die Waffen seien für mit ihnen begangenes Unrecht verantwortlich, sondern die Menschen, die diese Waffen missbräuchlich anwenden. All das klingt zwar verführerisch überzeugend, ignoriert aber, dass Schusswaffen den menschlichen Handlungsspielraum so erweitern, dass ihr Gebrauch überhaupt erst denkbar und möglich wird. Dass das Gegenüber eine Waffe besitzen *könnte*, beeinflusst die Bewertung von Situationen: Dies kann etwa zu besonderer Vorsicht führen oder den Wunsch wecken, sich selbst zu bewaffnen.

Wenn es umgekehrt keine Waffen gäbe, könnte auch niemand darüber nachdenken, diese einzusetzen. Wenn es keine Flugzeuge gäbe, würde niemand den Wunsch verspüren, innerhalb von ein paar Stunden über Ozeane zu fliegen. Und wenn es keine Smartphones gäbe, müsste sich niemand überlegen, welche Apps man installieren will. Technik erfüllt nicht nur menschliche Wünsche und Ziele, sondern verändert und erzeugt diese überhaupt erst. Ferner haben Menschen, sofern sie am gesellschaftlichen Leben teilhaben wollen, häufig keine Wahl, was die Nutzung bestimmter Technik (insbesondere im Kontext der Digitalisierung) betrifft, wenngleich die Werkzeug-Analogie genau das suggeriert. Wir müssen keinen Computer benutzen, aber unser Verlag hätte wohl kein handschriftliches Manuskript akzeptiert. Genauso wenig würden es wohl unsere Hochschule, unsere Kollegen und

Studierenden akzeptieren, wenn wir von heute auf morgen komplett auf das Internet verzichten wollten.

Technik verändert unsere Wahrnehmung von der Welt, von uns selbst als Menschen und von unseren sozialen Beziehungen, sowohl auf persönlicher als auch auf gesellschaftlicher Ebene. Am treffendsten drückt das Melvin Kranzberg aus: «Technik ist weder gut noch böse; noch ist sie neutral.»

15. Wie kann man Technik hassen? Technik zu hassen ist relativ schwierig – sie ist ja unsere Luft zum Atmen. Selbst die sprichwörtlichen Ludditen, die im 19. Jahrhundert die englischen Webstühle zertrümmerten, hassten nicht die Technik, sondern vergriffen sich aus Ungerechtigkeitsgefühlen an der Infrastruktur ihrer Arbeitgeber. Technikfeind zu sein ist daher auch eher ein Schimpfwort als eine Realität. (Wie auch umgekehrt der «Technikoptimist» gerne schon Menschen an den Kopf geworfen wird, wenn sie Probleme *auch mal* technisch lösen wollen.)

Unmöglich ist es freilich nicht. Vielleicht kann man nicht alle Technik hassen (denn schon arbeitsteilige Gesellschaften, Schreiben, Sprechen oder Erziehung sind Techniken), aber, und das ist ja gemeint: ganz bestimmte technische Neuerungen. Die interessante Frage ist dann: Wofür kann man sie hassen? Technik verändert Gesellschaften und Lebensformen, indem sie bestimmte Handlungen leichter und naheliegender macht. Wer habituell konservativ ist, erlebt derartige Veränderungen leicht als einen Verlust von Kultur und Tugend (bzw. von Gewohnheiten, die man für Tugenden hält). Das Alter, bzw. wann und worauf man sozialisiert wurde, spielt dabei freilich eine ebenso wichtige Rolle wie das Temperament.

Das heißt freilich nicht, dass Kritiker nicht auch oft Wahres erkennen. Nicht jede Neuerung ist gleichwertig, und ebenso wenig jede Kritik: Rousseau war skeptisch gegenüber der oberflächlichen Geselligkeit der Urbanisierung, Gandhi wie auch Mutter Teresa gegenüber den Abhängigkeiten und Heilsversprechen moderner Medizin und technischer Fortbewegungsmittel. Für Henry

Thoreau, J. R. R. Tolkien oder dessen Vorbild William Morris war die Nähe zur Natur und Rückkehr zur Handarbeit stark ästhetisch geprägt: Sie bevorzugten nicht nur Do-it-yourself-Tugenden, sondern auch die Wertigkeit der Produkte derselben. Und Günther Anders wäre vielleicht gar nicht so negativ auf die Technik zu sprechen, wären wir Menschen ihr gegenüber nicht so hoffnungslos veraltet.

Doch bei aller Verschiedenheit lassen sich bei diesen Autoren auch Muster erkennen, die bereits die Kritiken der Medien- und Digitalkultur vorwegnehmen: Sensitiv-meditative Autarkie gegen überempfindliche Abhängigkeit. Technik als Katalysator kultureller Veränderungen. Bequemlichkeit und Passivität als Feindbild. Wenn später Neil Postman und Jerry Mander gegen das Fernsehen argumentieren oder Manfred Spitzer und Nick Carr («Is Google making us stupid?») gegen das Internet, dann klingt das ganz ähnlich: Ja, unsere Aufmerksamkeitsstruktur ist eine andere geworden. Und ja, manche Facebookmanager und Spieleproduzentinnen halten aus gutem Grund ihre eigenen Kinder von den Produkten fern, die sie verkaufen.

Aber: Sie nutzen diese Produkte dann oft genug wieder selbst. Denn es ist ja nicht so, dass etwa Kinos oder soziale Netzwerke wertlos sind oder das Leben nur zerstören und nicht augmentieren oder konstituieren. Technische Neuerungen stoßen immer einen Zyklus von Dekultivierung und Rekultivierung an. Die Bilanz zwischen Zerstören und Erzeugen ist aber nicht immer positiv oder neutral. Daher darf man vergleichende Fragen durchaus stellen.

16. Welche technischen Entwicklungen bedeuten wirklichen Fortschritt? Das Rad war eine große Sache. Feuer auch. Der Pflug. Dünger. Turbinen. Penicillin, Hygiene, Blutdrucksenker. Computer. Internet. Das erste iPhone. Aber auch das letzte? IPhones sind magische Geräte: Sobald ein neues erscheint, lässt es wie von Geisterhand die Vorgängergeneration alt und albern aussehen. Aber nicht nur das: Das iPhone X konnte man z. B. sogar mit dem

Gesicht entsperren. Technisch ist FaceID ein kleines Wunderwerk: Deep Learning mit riesigen Datensätzen, Anpassung an Licht und Perspektive und weder mit Foto, Maske, noch schlafender Person zu überlisten. Aber am Ende kann man damit auch nur das Telefon entsperren, wie vorher auch schon.

Technischer Fortschritt kann mindestens zweierlei: Eine neue Handlungsoption verfügbar machen. Oder eine schon verfügbare Handlungsoption leichter oder schneller verfügbar machen. Und nur eine halbwegs leichte Verfügbarkeit macht eine theoretische Option auch zu einer praktisch relevanten Option. Doch es ist auch klar, dass nicht jeder gefühlte oder inszenierte Fortschritt auch ein echter Fortschritt ist. Aber was ist schon «echt»? So richtig echt wäre wahrscheinlich nur moralischer bzw. kultureller Fortschritt. Aber der ist vermutlich nicht so sehr von der Digitaltechnik abhängig. Technischer Fortschritt jedenfalls sollte sich unabhängig von moralischen Kategorien beschreiben lassen – schon allein deswegen, damit wir dann erst die Frage stellen können, ob ein großer technischer Fortschritt auch ein großer moralischer Fortschritt sei.

Technischen Fortschritt quantitativ zu messen, scheint kaum möglich, da er in qualitativ verschiedenen Sprüngen besteht: Wäre jeder Schritt von der gleichen Art, wäre er eine Wiederholung und somit nichts Neues. Allerdings stimmt das nur zum Teil, da gerade in der Digitalisierung Fortschritt oft von der quantitativen Leistungssteigerung von Prozessoren und Speicher ausgelöst wurden: Digitale Fotografie, Filme on demand, Videotelefonie, Künstliche Intelligenz. Die Verfahren waren teilweise lange bekannt, aber erst die Leistungsfähigkeit der Computer entschied darüber, wie sehr sie unser Leben veränderten.

Das muss es also sein, was Fortschritt ausmacht: Die Veränderung des Lebens. Die Größe der Wirkung auf die Menschen. Was machte das Rad, den Pflug und das Penicillin groß? Gesundheit, Ernährungssicherheit und Bevölkerungswachstum. Doch sind das dann nicht auch wieder moralische Kategorien?

Digitale Zukunft

17. Welche Lebensbereiche sollten stärker digitalisiert werden? Welche nicht? Es ist ja schon lustig, dass deutsche Behörden noch Faxe versenden. Oder dass Bargeld hierzulande noch so beliebt ist. In diesem kleinen «noch» stecken aber auch eine ganze Menge Vorurteile, nämlich, dass am Ende ohnehin alles digitalisiert sein wird und meistens: dass das auch besser so ist. Aber vielleicht sollte man der Digitalisierung etwas nüchterner begegnen und, statt sie negativ oder positiv aufzuladen, ganz einfach fragen: Wann und wo ist Digitalisierung sinnvoll? Welche Vorteile entstehen, welche Nachteile, welche Abhängigkeiten?

Gerade für alles, wo gezählt, gerechnet und registriert wird, ist Digitalisierung genial. Ein einheitliches, weltweites elektronisches Bezahlsystem wäre unglaublich bequem und nützlich (→ 25). Der Preis dafür wäre, dass jeder einzelne Kauf protokolliert würde und dass es einen einzigen Spieler gäbe, der all diese Käufe nicht nur sieht, sondern auch absolut kontrolliert: Mit einem Federstrich, pardon, einem Bit-Flip in der Datenbank, wäre jeder Einzelne völlig vom ökonomischen System ausschließbar. Wen das stört, der findet das dezentrale anonyme Herumkramen im Geldbeutel vielleicht gar nicht mehr so übel oder hinterwäldlerisch.

Natürlich funktioniert Digitalisierung nur dort, wo digitale Geräte funktionieren – wie Melvin Kranzberg schon vor Jahrzehnten in seinem zweiten Gesetz der Technik festgestellt hat: «Erfindung ist die Mutter der Notwendigkeit.» Das Handy muss geladen, der Server online sein. Vom WLAN über Protokolle, Internet-Dienste und die outgesourcte IT-Abteilung handelt man sich bei jedem Digitalisierungsschritt eine Reihe neuer Kettenglieder ein, an denen die eigentliche Anwendung hängt. Gleichzeitig gibt man natürlich andere Abhängigkeiten auf (auch Bargeld will ja z. B. hergestellt und organisiert werden). Abhängigkeiten sind auch immer politisch. Digitalisierung in Deutschland heißt bisher meistens, dass man essentielle Infrastrukturen auf amerikanischen Servern betreibt, und das kann ein machtpolitisches Problem sein. Gleichzeitig wird auch die Liste der deutschen Digitalisierungskatastrophen länger: ePerso, digitale Krankenakte, DeMail oder auch Luca-App.

Am Ende muss man wahrscheinlich auf etwas mehr bottom-up als top-down hoffen (oder auch einfach mal gleich dem CCC zuhören → 51) und vor allem auf Common Sense. Digitalisierung ist zwar schick, aber kein Selbstzweck. Und Fortschritt, wie Nestroy sagt, sieht oft größer aus als er ist. Die Frage, ob man am Ende mit einer einfachen Excel-Tabelle, einem Gespräch oder Bleistift und Papier eine Aufgabe nicht schneller und problemfreier hätte erledigen können, erzeugt manchmal eine ernüchternde Antwort. Das spricht nicht gegen Digitalisierung, sondern dafür, sie gut zu machen.

Aber selbst dann ist da noch der kulturelle Faktor: Ist es besser, dass ich einkaufen kann, ohne mit einem Menschen reden zu müssen? Ist es besser, zu konsumieren, als Arbeit zu haben? Macht Digitalisierung Menschen ebenso bequemer wie nutzloser? Und wie wirken die Kategorien und Kästchen, die wir in all den Online-Formularen ausfüllen, auf unsere Gefühle und Selbstwahrnehmungen zurück? Was ist mit individuellen Lösungen, Empathie und Mitdenken und der schieren Menschlichkeit, einer Regel nicht immer aufs i-Tüpfelchen zu folgen, wie Maschinen es tun und Gesetze es wollen?

18. Ist die Digitalisierung ein Auslöser oder eine Lösung der ökologischen Krise? Hans Jonas veröffentlichte 1979 sein philosophisches Hauptwerk *Das Prinzip Verantwortung*, welches er im Untertitel als *Versuch einer Ethik für die technologische Zivilisation* bezeichnete. Jonas' schrieb das Buch unter dem Eindruck eines drohenden Atomkriegs zwischen den USA und der Sowjetunion (ein Thema, das im Jahr 2022 plötzlich wieder bedrohlich aktuell wurde) sowie der in den 1970er Jahren einsetzenden Debatte um Gentechnik, Klonen und menschliche DNA. Seine Ethik ist aber

v. a. eine Ethik der ökologischen Krise, die – und das war bereits seit den 1970ern Konsens der Umwelt- und Klimaforschung – eine Krise der technologischen Zivilisation ist. Als einer der ersten erkannte Jonas, dass die Prinzipien früherer Ethiken in dieser Krise nicht helfen: Diese begreifen (i) die Natur des Menschen als unveränderliche Konstante; sie gehen (ii) davon aus, dass sich das Gute auf dieser Grundlage bestimmen lässt; und unterstellen (iii), dass die Reichweite menschlichen Handelns (und damit menschlicher Verantwortung) zeitlich und räumlich klar umschrieben werden kann.

Jonas zeigt auf, dass eine «technologische Zivilisation» diese Prinzipien tradierter Ethik überwinden muss und eine Zukunftsethik braucht, die auch die Interessen nachfolgender Generationen berücksichtigt – mehr als 40 Jahre bevor das Bundesverfassungsgericht dies mit seinem wegweisenden Urteil zum Klimaschutz vom 29. April 2021 in positives Recht umwandelte. Eine Frage einer solchen Zukunftsethik scheint zu lauten: Sollten wir das mit der Digitalisierung nicht besser ganz lassen? Oder umgekehrt: Können uns komplexe KI-Systeme (oder auch der Verzicht auf Transatlantikflüge zugunsten von Videokonferenzen) dabei helfen, die Herausforderungen des Klimawandels in den Griff zu bekommen, und müssen wir daher nicht alles tun, um die Digitalisierung weiter voranzutreiben? In der umweltpolitischen Digitalagenda des Bundesumweltministeriums drückt sich diese Zweischneidigkeit wie folgt aus: «[Wir] verfolgen [...] zum einen das Ziel, die Digitalisierung umweltfreundlich zu gestalten. Zum anderen stellen wir sie in den Dienst von Umwelt, Klima und Natur.»

Ein wesentlicher Schritt aus der ökologischen Krise heraus besteht jedoch in der folgenden Einsicht: Die Frage, ob ein losgelöstes Phänomen (wie die Digitalisierung) ein Auslöser oder eine Lösung für die ökologische Krise darstellt, verkennt bereits, was eine ökologische Krise überhaupt ist. Ernst Haeckel führte den Ökologie-Begriff vor rund 150 Jahren in den wissenschaftlichen Diskurs ein und verstand darunter «die gesamte Wissenschaft von den Beziehungen des Organismus zur umgebenden Aussenwelt, wohin wir im weiteren Sinne alle ‹Existenz-Bedingungen› rechnen können». Ökologie ist demnach eine Beziehungswissenschaft: Es geht darum zu verstehen, wie der Mensch und seine Umwelt miteinander verflochten sind. Ökologisches Denken ist ganzheitliches Denken, und die ökologische Krise besteht gerade darin, dass Dinge und Phänomene aus ihrem Zusammenhang gerissen und Entscheidungen getroffen werden, die das komplexe Wechselspiel zwischen Organismen und ihrer Umwelt (d. h. ihrer Existenzbedingungen) ignorieren. Auch und gerade im Hinblick auf die Digitalisierung.

Hans Jonas hat dies als einer der ersten erkannt. Er vereint als Antwort auf die Krise der Gegenwart (seiner und unserer) die in der kantischen Ethik ausformulierte Sonderstellung des Menschen mit Aristoteles' Anspruch, dass die Natur intrinsischen Wert besitzt. Gerichtet v. a. an das öffentliche Handeln schlägt er einen neuen, kategorischen Imperativ der technologischen Zivilisation vor: «Handle so, dass die Wirkungen deiner Handlung verträglich sind mit der Permanenz echten menschlichen Lebens auf Erden.» Und genauso sollten wir auch digitalisieren.

19. Wie human ist der Transhumanismus? Der Transhumanismus ist eine vieldeutige Mischung aus philosophischer Theorie, popkultureller Bewegung, postmoderner Kunst, politischem Aktivismus und nicht zuletzt eines profitablen Geschäftsmodells. Dabei geht es um eine technologische Transformation des Menschen zu einem besseren Wesen («Mensch x.0») und – wie etwa eine seiner wichtigsten Vordenkerinnen, Natasha Vita-More, in ihrem «Transhuman Manifesto» von 1982 schreibt – eine grundlegende Herausforderung für die *conditio humana*. Eng verwandt ist der Transhumanismus mit dem Posthumanismus, manchmal werden die Begriffe auch synonym verwendet. Während der Transhumanismus den Menschen jedoch transformieren will, ist es das Ziel des Posthumanismus, alles Menschliche endgültig zu überwinden und die Utopie (bei manchen Autoren eher die alternativlose Notwendigkeit) einer neuen, gänzlich post-humanen Spezies anzustreben, die den Platz des Menschen auf der Welt einnehmen soll bzw. wird. Wie die technische Transformation des Menschen in diesen Szenarien genau aussieht, bleibt häufig unklar: Der schwedische Futurist Nick Bostrom, selbst einer der profiliertesten Vertreter des Transhumanismus, gesteht eine «Vagheit und Beliebigkeit» zu und führt lediglich ein paar Beispiele für Szenarien an, die er als posthumanen Zustand klassifizieren würde: etwa eine Bevölkerungszahl größer als eine Billion, eine Lebenserwartung von mehr als 500 Jahren oder auch das Ende aller menschlichen Leiden. Die Techniken, die im Diskurs des Trans- und Posthumanismus immer wieder diskutiert werden, um diese Szenarien zu verwirklichen, sind insbesondere das «Mind uploading» oder künstliche Intelligenz im Sinne einer bewussten Superintelligenz (→ 68) – die eher an Science Fiction denken lassen als dass sie den gegenwärtigen (und absehbaren) Stand der Technik in der Informatik widerspiegeln.

Politik des Digitalen und digitale Politik

20. Ist die Digitalisierung von Wahlverfahren eine gute Idee?
Demokratische Wahlen – das heilige Sakrament freiheitlicher Gesellschaften – sind wie gemacht dafür, digitalisiert zu werden: Klare Zahlenspiele ohne Vagheiten. Das stupide Auszählen, das für Menschen zeitraubend und fehleranfällig ist, kann eine Rechenmaschine praktisch instantan und völlig akkurat erledigen. Das Problem ist nur – aber nicht nur: die Sache mit der Sicherheit.

Keine Wahl ist absolut sicher. Betrug ist immer eine Frage des möglichen Einflusses und kriminellen Willens. Ob Papierwahl oder elektronische Wahl sicherer ist, hängt von einer Vielzahl von Faktoren ab, die sich auch ändern können und beeinflussen lassen. Was die beiden aber massiv unterscheidet, ist die Relation zwischen Aufwand und Wirkung. Die ist bei der Papierwahl proportional: Um 1 000 000 Stimmen zu fälschen, braucht man auch 1 000 000 falsche Stimmzettel, und das erzeugt proportional zur Größe des Eingriffs mehr Beweismaterial, durch das die Sache auffliegen kann. Digitale Maschinen sind aber wesentlich Maschinen, die wiederholbare Operationen zu einer einzigen Anweisung zusammenfassen und damit ganze Datensätze gleichzeitig manipulieren können. Darin liegt ja die grundlegende Stärke der Digitalisierung. Das heißt allerdings auch: Der Aufwand, eine Stimme zu fälschen, und der Aufwand, 1 000 000 Stimmen zu fälschen, unterscheiden sich überhaupt nicht. In der Datenbankprogrammiersprache SQL liegt der Unterschied tatsächlich sogar in einem einzigen Zeichen:

UPDATE votings SET candidate = «Baerbock» WHERE id = 1 000 000;

UPDATE votings SET candidate = «Baerbock» WHERE id < 1 000 000;

Die veränderten Proportionen verändern das Gefahrenszenario: Während bei der Papierwahl die Gefahr linear mit dem Aufwand wächst, ist es bei der elektronischen Wahl ein ganz oder gar nicht: wer die Sicherheitsvorkehrungen überwindet, hat sofort absolute Kontrolle über alle Stimmen. Das Risiko einer Strafverfolgung ist insofern gering, als man nicht vor Ort im Wahllokal agieren muss, sondern sogar vom anderen Ende der Welt aus in Wahlprozesse eingreifen kann. Gleichzeitig ist die Forensik schwieriger, weil Spuren nicht endlos klein oder komplex sein können: Wer alle relevanten Bits kontrolliert, kann alle Spuren perfekt beseitigen – was in der analogen Welt, die nicht in der gleichen Weise reversibel ist, unmöglich ist.

Und dann ist da natürlich noch das handfeste soziologische Faktum, dass elektronische Wahlsysteme zwar theoretisch relativ sicher gebaut werden könnten, es aber nicht zwangsläufig werden. Denn Sicherheit ist teuer und unsichtbar (→ 47). Und sie wird gerne, wie andere Prozesse auch, von Unwissenden an mehr oder weniger Wissende delegiert – z. B. an private Firmen, die dann plötzlich in einer fehlerhaften Programmieranweisung das Schicksal einer Demokratie in den Händen halten können. Anders als bei papiergestützten Verfahren kann der durchschnittliche Wähler oder Gewählte digitale Prozesse selbst aber gar nicht nachvollziehen. Wie immer in der Digitalisierung muss daher eine große Mehrheit der Nutzer einer extrem kleinen Minderheit an Technikerinnen mehr oder weniger blind vertrauen – was im Grunde genommen auch nicht sehr demokratisch ist.

21. Was ist digitale Souveränität?   Souverän ist, wer staatliche Hoheitsrechte ausübt. In einer Demokratie ist es das Volk. In einem Rechtsstaat garantiert das die Verfassung. Die Souveränität wird vom Volk an Parlament, Regierung und Gerichte delegiert, die im Namen des Volkes Gesetze erlassen, vollziehen und deren Einhaltung überwachen. Dass seit einigen Jahren über digitale Souveränität gestritten wird, zeigt, dass die Digitalisierung dieses Einmaleins der politischen Bildung herausfordert. Auch wenn das Konzept der digitalen Souveränität unscharf ist: Wer in der Ausübung grundlegender Hoheitsrechte von anderen abhängt, ist nur bedingt souverän. Das betrifft demokratische Rechtsstaaten genauso wie totalitäre Regimes. Abhängigkeiten von souveränen Staaten (einseitige und wechselseitige) gibt es, seit es souveräne Staaten gibt, und doch zeigt das Jahr 2022, wie wichtig es ist, sich bei existentiellen Themen wie Landesverteidigung und Energieversorgung nicht (nur) auf andere zu verlassen. Digitale Souveränität bedeutet, in der Entwicklung und im Gebrauch der grundlegenden digitalen Infrastruktur nicht dermaßen auf andere angewiesen zu sein, sondern eigens zu kontrollieren, welche Infrastruktur konzipiert und aufgebaut wird, wer Zugang zu dieser erhält und wie diese genutzt wird (oder eben auch nicht). Ausgerechnet China lebt digitale Souveränität derzeit sehr konsequent vor: Es werden etwa chinesische Betriebssysteme entwickelt und Behörden verpflichtet, nur noch Hardware aus chinesischer Herstellung einzusetzen. Was China aus dieser digitalen Souveränität macht, ist sicher kein Vorbild für eine freie und offene Gesellschaft. Und doch sollten auch wir, um digital souverän zu sein, zunächst die Abhängigkeit von den großen amerikanischen (und inzwischen auch chinesischen) Tech-Konzernen abschütteln, die das Internet aufgrund ihrer jeweiligen Monopolstellungen kontrollieren und damit entscheiden (ob sie wollen oder nicht), wer Zugang zu welchen Informationen und Angeboten erhält und wer wie am demokratischen Diskurs teilhaben kann.

22. Was ist der Digital Markets Act? Die durchschlagende Dominanz der großen Internetfirmen hat gezeigt, dass das alte Kartellrecht die ökonomische Realität der Digitalisierung nicht so recht greifen kann. Einerseits haben Alphabet, Meta, Amazon oder Uber massive Kontrolle über ganze Märkte. Da sie aber selbst für diese Märkte «nur» die Plattformen bereitstellen, deren Inhalte durch Dritte geliefert werden, lässt sich diese Macht aber nicht als klassisches Monopol beschreiben. Gleichzeitig haben diese sogenannten Gatekeeper praktisch absolute Macht in den von ihnen kontrollierten Märkten, die sie z. B. nutzen können, um eigene Produkte zu verkaufen, gegenüber anderen Produkten bevorzugt zu platzieren oder den Zugang zu den Märkten für bestimmte Anbieter gezielt zu sperren. An dieser Stelle setzt der Digital Markets Act ein, der 2022 vom EU-Parlament verabschiedet wurde und 2023 in Kraft tritt. Sein wesentliches Ziel besteht darin, ein Stück weit fairen Wettbewerb herzustellen, auch wenn die Infrastruktur eines Marktes von einem Gatekeeper kontrolliert wird.

Der Digital Markets Act legt vor allem fest, dass Plattformen ihre Marktkontrolle nicht für ihre Marktteilnahme missbrauchen dürfen: Sie dürfen keine Daten für den Wettbewerb mit anderen auf ihrer Plattform verwenden, die sie nicht öffentlich machen, oder Daten aus anderen Quellen zum eigenen Vorteil nutzen. Amazon kann also nicht mehr den besseren Zugang zum und das überlegene Wissen über den Kunden nutzen, um die eigenen Produkte auf der Plattform zu vertreiben. Es darf auch nicht seine Produkte in den Rankings bevorzugen, genauso wenig wie Google bei einer Suchanfrage. Außerdem bekommen Werbetreibende und Inhalteanbieter Zugang zu den Nutzungsdaten ihrer Inhalte auf den Plattformen (d. h. Daten über die Nutzung geschalteter

Werbung oder aggregierter Texte in Suchmaschinen), und jeder kann auf Anfrage allgemeine Daten zu Internetsuchen erfragen.

Das Gesetz regelt außerdem, dass Anbieter von Betriebssystemen (iOS, Android, Windows) das System offen gestalten müssen und Installation, Deinstallation und den Wechsel von Diensten nicht nur theoretisch möglich machen, sondern praktisch und «effektiv» erlauben müssen. Gleichzeitig darf kein Zwang ausgeübt werden, weitere Dienste zu nutzen (z. B.: wer seine App im App Store anbieten will, darf nicht gezwungen werden, Apple Pay zu nutzen). Gleichzeitig enthält das Gesetz auch Regelungen, die die Migration zwischen Diensten für den Nutzer erleichtern sollen, und verlangt ggf. eine Öffnung von Schnittstellen (z. B. die Möglichkeit, auch mit anderen Messengern an das WhatsApp-Ökosystem andocken zu können).

Gerade der letztere Punkt bleibt aber noch ein Stück weit unklar. Wie sehr sich die Konzerne bei diesen für sie lebenswichtigen Aktivitäten in die Karten schauen lassen, war Gegenstand eines langen Tauziehens im Gesetzgebungsprozess und wird es auch nach Einführung des Gesetzes bis zur Herstellung von Grundsatzurteilen und Präzedenzfällen bleiben. Insbesondere stellt sich die Frage, wie durchsetzbar manche Teile des Gesetzes sind – angesichts dessen, dass die riesigen von Unternehmen autonom betriebenen IT-Infrastrukturen nicht lückenlos überprüft werden können.

23. Was ist der Digital Services Act? Der Digital Services Act konzentriert sich v. a. auf die Regulierung von Inhalten auf digitalen Plattformen. Unter dem Begriff «Core Platform Services», CPS, werden dabei sehr konkret die derzeit maßgeblichen digitalen Märkte wie Videostreaming, Soziale Netzwerke oder Suchmaschinen definiert und Anbieter in vier Gruppen eingeteilt: «Intermediary services», «Hosting services», «Online platforms», «Very large platforms». Dabei ist das vorrangige Ziel des Gesetzes, die Gruppe der sehr großen (US-amerikanischen) Plattformen einzuhegen und ihre Praktiken zu beschneiden sowie transparenter zu machen, während für kleinere Plattformen abgestuft weniger Regulierungen gelten.

Ein wichtiger Punkt des Gesetzes ist die Haftung für illegale Inhalte. Plattformbetreiber bleiben auch weiterhin nicht haftbar für die von Userinnen geposteten Inhalte, müssen aber, ebenso wie bisher, gemeldete rechtswidrige Inhalte sofort entfernen wie auch einen klaren Meldemechanismus bereitstellen. Zudem regelt das Gesetz die Kooperation mit Staat und Öffentlichkeit: Es führt z. B. eine Meldepflicht für Gesetzesverstöße auf der Plattform ein, erzwingt klare Ansprechpartner und einen Zugang für Forscher zu den Daten der Dienste, um großflächige Risiken und Fehlentwicklungen zu erkennen (z. B. Desinformationskampagnen). Für die Nutzer fordert das Gesetz weitreichende Transparenz über die Regeln und Algorithmen, wie Inhalte moderiert werden und Empfehlungen zustande kommen und nach welchen Charakteristika der Nutzer kategorisiert wird. Außerdem müssen die Anbieter von Produkten oder Urheber von Werbung erkennbar sein. Der Digital Services Act erzwingt Möglichkeiten, Daten auf den Plattformen zu löschen und ein Opt-out bei Empfehlungssystemen (z. B. bei Youtube). Außerdem wird maßgeschneiderte Werbung für Kinder wie auch auf der Basis von sensiblen Daten (z. B. psychologischer Gesundheit) verboten. Und nicht zuletzt soll das Gesetz die sogenannten «dark patterns» verhindern: all die irreführenden Knöpfe und Informationen – ein riesiger «Zustimmen»-Button neben einem kleinen grauen «Nein», versteckte Optionen und bewusst lange Klappmenus und Klickorgien oder das dauernde Wiederholen missliebiger Entscheidungen –, die Dienste verwenden, um Nutzer in die Zustimmung zu Cookies und Datenverarbeitung, in den Kauf eines Produkts oder den Verbleib auf der Plattform zu manipulieren.

24. Warum liegt noch kein Glasfaser in der Uckermark? Der ländliche Raum wird bei Infrastruktur-Themen allzu oft übergangen. Allzu oft übergeht er sich auch selbst: Weil andere Themen drängender sind, weil kein Geld da ist, weil es eben schon immer auch ohne ging – und Menschen auch deshalb so gerne auf dem Land leben, weil sie nicht von der Schnelllebigkeit des 21. Jahrhunderts überrumpelt werden wollen. Wer die Vögel im Sonnenuntergang zwitschern hören kann, braucht kein ruckelfreies Netflix. So bleibt Digitalisierung vor allem ein urbaner Diskurs. Allerdings werden Glasfaser und 5G schon sehr bald eine Frage der gesellschaftlichen Zugehörigkeit sein, und digitale Lösungen für manifeste Probleme des ländlichen Raums (wie etwa Ärztemangel, demographischer Wandel, die Auflösung sozialer Kontakte) setzen eine hinreichende digitale Infrastruktur voraus. Was es für die wirtschaftliche Entwicklung und Innovationskraft einer Region bedeutet, vom schnellen Internet abgeschnitten zu sein, haben die 1990er Jahre gezeigt, als viele kleine Kommunen in Sachen DSL-Technik abgehängt wurden. Der Digital Divide ist nicht nur ein globales, sondern auch ein innerdeutsches Problem. Heute noch gibt es Haushalte und Unternehmen, die mit 56 Kbit/ Sekunde auf der globalen Datenautobahn mithalten müssen. Für Telefonunternehmen lohnt es sich wirtschaftlich nicht, in Dörfern mit ein paar Hundert Einwohnern neue Kabel zu verlegen und Masten aufzubauen. Bund und Länder haben kein Geld und verweisen auf die solidarische Verantwortung der Telefonunternehmen. Die Kommunen wiederum haben erst recht kein Geld und verweisen wahlweise an Bund und Länder – oder auch darauf, dass die Menschen auf dem Land auch ohne schnelles Internet glücklich sind. Dieses aber würde aussterbenden Regionen neue Entwicklungsmöglichkeiten eröffnen, beschleunigt u. a. durch die immer breitere Akzeptanz von Homeoffice und individuellen Arbeitsmodellen, die vor allem für kreative Berufe attraktiv sind: Statt Einzimmerwohnung und Großraumbüro gibt es ein paar (hundert) Kilometer außerhalb für dasselbe Geld einen Vierseithof mit eigenem Atelier und Fahrradanbindung ans Naturschutzgebiet. Wenn denn nur die Internetleitung schnell genug ist, um den Anschluss ans (urbane) Leben nicht zu verlieren. Konferenzen und Meetings gehen hervorragend per Video, und frisch gerösteten Kaffee klickt man per Same Day Delivery direkt nach Hause. In den Speckgürteln herrscht inzwischen ein Wettbewerb, um natursehnsüchtige Städter vom günstigen Leben auf dem Land zu überzeugen. 160 Hektar Kiefernwald für eine Gigafactory zu roden (siehe Tesla in Brandenburg) führt zwar zur digitalen Erschließung ganzer Regionen, läutet umgekehrt aber auch die Urbanisierung des Ländlichen ein, mit der sich vor allem diejenigen, die schon immer da leben, am allerwenigsten identifizieren. Die wollen nämlich eigentlich keine Veränderung, außer insgeheim eben doch einen ruckelfreien Netflix-Stream. Manche fordern auch Teilhabe am demokratischen Diskurs, Bildungs- und Chancengerechtigkeit – auch und vor allem für ihre Kinder und Enkel, sofern die nicht sowieso längst in die Stadt geflüchtet sind.

25. Was ist Aadhaar?   Wenn wir mit der Digitalisierung schon weiter wären, bräuchten wir keinen Pass, keinen Geldbeutel und keine Steuererklärung. Unsere ganze Existenz wäre dann natürlich völlig abhängig von denjenigen, welche das System betreiben, mit dem Personen überall identifiziert und die Einträge verwaltet werden. Einen großen Schritt in diese Richtung hat Indien gemacht, indem es mit Aadhaar ein Identifikationssystem einführte, das 99 % der indischen Bevölkerung erfasst. Das System verbindet eine Identifikationsnummer mit biometrischen Informationen wie Fotos oder Irisscan sowie personenbezogenen Daten wie dem Namen des Vaters oder Ehemanns, Adresse, Telefonnummer oder Geburtsdatum einer Person. In mehreren Urteilen hat Indiens Oberster Gerichtshof die Bestrebungen der Regierung gebremst, indem es die Freiwilligkeit des Systems eine Weile aufrecht erhielt. Doch das hat sich sukzessive geändert – nicht nur durch eine teilweise Revision dieser Urteile: Ohne Aadhaar ein Bankkonto, eine SIM-Karte oder Sozialleistungen zu beziehen, wird selbst dort, wo es rechtlich möglich ist, praktisch sinnlos, wenn im Alltag keine Alternativen angeboten werden. Das Leben zu navigieren erscheint dann ungefähr so schwierig, wie sich ohne Smartphone durch den Alltag zu bewegen. Es ist daher spannend zu fragen: Sollte es ein Menschenrecht geben, bei der Digitalisierung nicht mitmachen zu müssen?

Nebenbei: Der Zugang zum Aadhaarsystem kostet auf dem Schwarzmarkt ca. 8 Dollar. Ältere Daten lassen sich aber auch durch viele Leaks rekonstruieren.

26. Warum gibt es so wenige Frauen in der Tech-Szene? Solange es als niedrige Bürotätigkeit eingestuft wurde, war Programmieren in nicht unerheblichem Maß Frauensache. Erst in den 1980er Jahren wandelte sich das Bild, als die neuen, erschwinglichen Homecomputer als Hobby für Jungs und ihre Väter vermarktet wurden. Seit Computer ihren Weg in private Haushalte gefunden haben, sind sie eine Männerdomäne. Der Anteil von Frauen insbesondere in Programmierer- und Videospielsubkulturen ist tendenziell noch geringer als in den Chefetagen und Machtzentren der Gesellschaft. Es nimmt daher nicht Wunder, dass die Frauenbilder in jenen Kreisen nicht nur gelegentlich fragwürdig sind. Schnell entsteht eine Art Boy- oder Bro-Culture, die chauvinistisches Verhalten kultiviert und es Frauen schwer macht, darin Fuß zu fassen. Dank der neueren emanzipativen Bewegungen sind wenigstens Spiele wie Duke Nukem Forever, in dem Frauen als süffisant kommentierte Lustobjekte herhalten müssen, nur noch schwer zu vermitteln. Sexuelle Ausbeutung wie kürzlich beim Spielehersteller Activision Blizzard kann zum Skandal werden und Täter wie deren Vorgesetzte werden zunehmend in die Verantwortung genommen. Es ist ein Anfang.

Man kann, wenn man das für nützlich hält, darüber streiten, ob es tendenzielle genetisch bedingte Verhaltensunterschiede zwischen den Geschlechtern gibt oder ob Geschlecht ausschließlich ein soziales Konstrukt sei. Nimmt man Letzteres als moralische Heuristik, versetzt es uns in die Position, nichtparitätische Repräsentation biologischer Geschlechtsmerkmale und selbstkonstruierter Geschlechteridentitäten in jedem Gesellschaftsbereich konsequent daraufhin zu prüfen, ob sie das Resultat von subtilen (oder auch weniger subtilen) Ausgrenzungsmechanismen darstellen. Hier ist freilich nicht der Ort, die ausdifferenzierten Diskurse zu diesen Fragen zu diskutieren. Man muss aber kein bekennender Konstruktivist sein, um zu erkennen, dass es a.) eine Erziehungstendenz gibt, welche Menschen mit XX-chromosomaler Biologie konsequent von technischem und mathematischem Denken weg erzieht, dass b.) reine Jungskulturen unter gegenwärtigen Bedingungen oft eine misogyne Eigendynamik entfalten und dass c.) ein Mangel an nicht-männlichen Vorbildern, Lehrern und Kollegen im STEM-Bereich zusätzliche Berührungsängste und Entfremdungsgefühle aufbaut. Auch werden technische Lösungsvorschläge oft weniger ernst genommen, wenn sie von Frauen kommen. Weibliche CEOs haben nachweislich bessere Chancen auf Investitionen, wenn sie sich hinter einem männlichen Vornamen verstecken. Und Produktdesign ist oft Design von Männern für Männer (Stichwort: Gender Data Bias). Unabhängig vom Jargon und den soziobiologischen Grundpositionen ist es daher wichtig, einen gesellschaftlichen Grundkonsens zu stützen, anhand dessen solche Hürden abgebaut, Missbrauch und Diskriminierung konsequent aufgedeckt und technisches Interesse bei Menschen mit nicht-männlicher Selbst- oder Fremdwahrnehmung offen gefördert wird.

Im Übrigen müssen wir das alles auch schreiben. Es ist nicht mehr unbedingt ein Zeichen von Zivilcourage, gegen männliche Dominanz aufzustehen. Vielmehr ist es das erwartete moralische Minimun – oder gar selbst gelegentlich schablonenhaft. Doch das Letzte, was wir wollen, ist durch philosophische Nachfragen denjenigen Argumente zu liefern, die das reale und systemische Problem nicht in seiner ganzen Tiefe ernst nehmen. Dass Feminismus manchmal nur Lippenbekenntnis ist, bedeutet ja nicht zuletzt, dass die Gesellschaft einen moralischen Fortschritt gemacht hat. Es bedeutet aber auch, dass der Fortschritt noch nicht zu Ende ist.

27. Wie steht es um die Digitalisierung in den Entwicklungs-ländern? Die Frage soll daran erinnern, dass die deutsche (ebenso wie die europäische oder generell «westliche») Perspektive auf die Digitalisierung nur eine von vielen ist. Allzu oft gehört es zur deutschen (zur europäischen, zur «westlichen») Perspektive, alle Entwicklungsländer pauschal in einer Frage abhandeln zu wollen. Was ist überhaupt ein Entwicklungsland? Gibt es dort (oder überhaupt auf der Welt) durchschnittliche Nutzer? Haben die Menschen dort etwa keinen Zugang zu Technik, und liegt es am Ende vielleicht daran, dass sie noch nicht so weit entwickelt sind wie wir?

Statt die Frage wörtlich zu nehmen, wollen wir den Raum für die Beantwortung daher lieber dafür nutzen, ein paar bessere Fragen aufzuwerfen:

- Warum be- und ergreifen viele Menschen und einige Regierungen in Südamerika, Afrika und Südostasien die Digitalisierung als Chance?
- Warum ist Facebook für viele Menschen in Myanmar ein Synonym für Meinungsfreiheit und Demokratie?
- Warum investieren chinesische und US-amerikanische Tech-Konzerne gegenwärtig so viel Geld in den Aufbau einer digitalen Infrastruktur auf dem afrikanischen Kontinent? Wäre den Menschen dort mit sauberem Trinkwasser, Schulen und einer stabilen Stromversorgung nicht mehr geholfen?
- Wie «smart» wird die neue Hauptstadt Ägyptens? Und warum liegt die erste «Crypto City» der Welt in El Salvador?
- Was macht es mit einer Gesellschaft, wenn (fast) keiner einen Computer/Laptop, aber (fast) alle ein Handy haben? Warum ist es kein Widerspruch, «arm» zu sein und ein aktuelles Smartphone zu besitzen?
- Was ist Datenkolonialismus? Was sollte man dagegen tun? Und wer ist «man»?
- Warum ist die Handybezahlapp M-Pesa so wichtig für den Zahlungsverkehr in Kenia? Welchen Einfluss hat es auf die Startup-Szene in Nairobi? Und was macht Silicon Savannah anders als das Silicon Valley?

- Warum eröffnete Kasachstan 2021 ein neues Atomkraftwerk, nachdem China Crypto-Mining (→ 90) verboten hatte?
- Wie viele Menschen in Indien, Venezuela und auf den Philippinen versuchen, ihren Lebensunterhalt durch Crowdworking zu finanzieren? Und was ist überhaupt Crowdworking?
- Ist der Digital Divide in den letzten zehn Jahren größer oder kleiner geworden?

28. Sollte Deutschland Edward Snowden politisches Asyl anbieten? Angesichts diplomatischer Verwicklungen ist die Frage nicht so einfach. Sie bietet jedoch Anlass, um zu diskutieren, ob Whistleblower politischen und rechtlichen Schutz verdienen und ob Whistleblowing – gerade im Kontext der Digitalisierung – vielleicht sogar eine moralische Pflicht ist.

Whistleblower geben Interna, mit denen sie im Rahmen ihrer beruflichen Aufgaben vertraut sind, an die Öffentlichkeit heraus, um über Missstände aufzuklären. Sie blasen Alarm bzw. «verpfeifen» ihre Arbeit- und Auftraggeber. Snowden etwa enthüllte 2013 die Überwachungspraxis von Geheimdiensten, löste damit die NSA-Affäre aus und lebt seither im Moskauer Exil. Als ehemaliger Mitarbeiter des US-Geheimdienstes NSA hatte er Zugriff auf Hunderttausende Dokumente, die belegen, wie die USA und Großbritannien die globale Telekommunikation und vor allem das Internet verdachtsunabhängig überwachen.

Ähnlich skandalträchtig sind die Enthüllungen der seit 2016 existierenden Plattform Wikileaks, deren (Mit-)Gründer Julian Assange von einem grundsätzlichen öffentlichen Interesse an Regierungsdokumenten ausgeht und wo sich Millionen von Dokumenten gesammelt haben, die insbesondere Regimekritiker totalitärer Staaten «gespendet» haben. Wikileaks ist selbst ein Phänomen der Digitalisierung: Nicht nur, weil zahlreiche Digitalisierungsskandale Thema für Enthüllungen waren und sind, sondern auch, weil ohne Digitalisierungsprozesse die Unmengen Geheimdokumente wohl gar nicht existieren würden. Quasi alles, was irgendjemand irgendwo in irgendeinen Computer eintippt (oder einspricht), ist ein Dokument (das Wort stammt vom mittellateinischen *documentum*, «beweisendes Schriftstück») – und sobald dieser Computer mit anderen vernetzt ist, lässt sich eigentlich nicht mehr absolut verhindern, dass auch Unbefugte Zugriff auf diese Dokumente erhalten (→ 46). Entsprechend ist es nicht verwunderlich, dass sich im Zeitalter der digitalen Vernetzung Regierungen besonders schwer damit tun, ihre Skandale, Menschenrechtsverletzungen und Kriegsverbrechen (z. B. die Enthüllungen durch Chelsea Manning) zu vertuschen. Dank der Gleichzeitigkeit und Universalisierung der Digitalisierung (→ 6) existieren parallel unzählige Kopien (sog. Mirror-Server) von Wikileaks und vergleichbaren Projekten, die sicherstellen, dass das Abschalten eines einzelnen Servers nicht zur Depublikation der veröffentlichten Enthüllungen führt. Allen verzweifelten Bemühungen etwa der USA, Wikileaks vom Netz zu nehmen und Assange ausliefern zu lassen, zum Trotz.

Whistleblower gab und gibt es natürlich nicht nur in staatlichen Institutionen wie Militär und Geheimdienst, sondern auch in vielen privaten Unternehmen, insbesondere im Tech-Bereich: Frances Haugen erregte im Herbst 2021 Aufmerksamkeit, nachdem sie der Öffentlichkeit Einblick in die Arbeitsprozesse und interne Dokumente ihres ehemaligen Arbeitgebers Facebook gab, die belegen, wie bewusst der Konzern von Hass und Falschinformationen auf seinen sozialen Netzwerken (Facebook, Instagram und WhatsApp) profitiert. Timnit Gebru wird ebenfalls als Whistleblowerin gefeiert: Sie war bis Ende 2020 Co-Leiterin des Ethical AI Intelligence Teams von Google und hat zahlreiche Studien durchgeführt, denen zufolge algorithmenbasierte Entscheidungen zu rassistischen Diskriminierungen führen (→ 64). Schließlich wurde sie unter ungeklärten Umständen von Google entlassen. Whistleblower in Unternehmen müssen zwar – anders als Snowden und Assange – selten um ihr Leben fürchten. Trotzdem drohen auch ihnen gravierende arbeits- und zivilrechtliche Konsequenzen wegen der Weitergabe von Geschäftsgeheimnissen.

29. Waren die Proteste in Hong Kong die letzte Chinesische Revolution? Wer sich über Tibet oder Taiwan öffentlich äußert, wird registriert. Das gilt, kann man relativ sicher sagen, auch jenseits der chinesischen Grenzen. Erstens hat die chinesische Regierung nicht erst gestern begonnen, Verhaltensdaten ihrer Bürger systematisch in Belohnungen und Sanktionen umzusetzen. Zweitens reagiert sie konsistent empfindlich auf kritische Narrative. Drittens hat sie, ebenso konsistent, ihre Fühler in die Welt gestreckt und auch außerhalb ihrer Grenzen wiederholt in unliebsame Berichte und Darstellungen eingegriffen. Weiterhin gibt es inzwischen weltweit so einige Institutionen, die versuchen, einen signifikanten Bestand an Verhaltensdaten über die gesamte Weltbevölkerung zusammenzutragen, selbst zur Durchsetzung weit weniger massiver Machtansprüche.

Der chinesische Staat hat eine Vorreiterrolle darin, die Möglichkeiten der Digitalisierung für die Bevölkerungskontrolle nutzbar zu machen. Die Unterdrückung der Uiguren gelingt deswegen so meisterhaft, weil dabei Möglichkeiten zur Verfügung standen, von denen die Stasi nur träumen konnte. Wer besitzt welche Bücher? Wer verlässt sein Haus zu welcher Zeit durch die Hintertür? Wer spricht wann wie viel mit wem? Das sind Kriterien, nach denen man systematisch Menschen interniert und Sozialstrukturen auseinanderreißt.

Was konkret im Bereich staatlicher Überwachung geschieht, ist immer schwer zu ermitteln. Was man aber als relativ gesichert annehmen kann, ist Folgendes:

- Menschen ziehen im Allgemeinen die Bequemlichkeit und Anziehungskraft digitaler Medien vor, auch wenn diese massiv überwacht werden. Wer sich dem entziehen will, fällt alleine schon dadurch auf.
- Organisierter politischer Wandel braucht Begegnungsorte, Kommunikationsgelegenheiten und Multiplikatoren, um Kraft zu entwickeln.
- Die sich daraus ergebenden Muster bilden sich gut im Datenstrom ab. Damit sind die Voraussetzungen für Wider-

standsbewegungen gut erkennbar und auf nahezu chirurgische Weise verhinderbar: Indem man genau die Personen entfernt oder unterminiert, die als Katalysator zur Entwicklung eines größeren gesellschaftlichen Widerstands fungieren (können). Wie so oft erlaubt die Digitalisierung, individueller und zielgenauer vorzugehen, und macht das grobe Werkzeug der Massenunterdrückung obsolet.

- China hat bereits bewiesen, dass es sowohl die dazu nötige Skrupellosigkeit und den Willen besitzt als auch die nötigen technischen Fähigkeiten.

Wenn also ein Regime technisch versiert und entschlossen genug ist, sollte sich jede Revolution verhindern lassen, bevor sie entsteht, und das ohne einen einzigen Mord. Umerziehungslager, die Einschränkung von Bewegungsfreiheit sowie die Zerstörung sozialer Strukturen reichen vollkommen aus. (Vielleicht auch die gezielte Unterminierung von einzelnen Personen – was die Stasi einmal «Zersetzung» nannte – ohne deren vollständige Entfernung.) Wenn all das stimmt, dann ist es denkbar, dass der Aufstand in Hong Kong der letzte in der chinesischen Geschichte war.

Daraus wiederum scheinen sich breitere historische Tendenzen ableiten zu lassen: In vordigitalen Gesellschaften gab es einen gewissen Punkt, an dem der Leidensdruck in der Bevölkerung sich durch einen Umsturz Luft verschaffen musste. Diese Schwelle ist nun weiter nach oben verschoben und erlaubt einen wesentlich höheren Leidensdruck ohne Gefährdung staatlicher Repressionssysteme. Umstürze werden gewissermaßen zu einem «engineering problem» – d. h. zum Zeichen einer technischen, nicht politischen oder moralischen Unfähigkeit. Das Mandat des Himmels (wie die Rechtfertigung von Regierungsgewalt in China genannt wird) bleibt damit auch schlechteren Regierungen erhalten.

Diese Entwicklung legt die Befürchtung nahe, dass der Wechsel zu skrupellosen, autoritären Regierungssystemen eine gewisse Einbahnstraße darstellt. Es ist nun wesentlich schwerer aus ihnen heraus zu kommen als in sie hinein. Wenn man nun feststellt, dass wir mit der digitalen Infrastruktur die Voraussetzungen für effektives autoritäres Regieren auch in den freiheitlichsten Ländern eingerichtet haben, und man außerdem berücksichtigt, dass digitale Kontrolle sich extrem gut paketieren und auch an technisch inkompetente User verbreiten lässt (man denke an die Pegasus Software, die die israelische NSO Group an autoritäre Regierungen in mehreren Ländern verkauft hat), dann erscheint ein langfristiger politischer Optimismus eher schwierig. Hoffentlich liegen wir damit falsch.

30. Was ist Algokratie? «Da wir genau wissen, was Leute tun und möchten, gibt es weniger Bedarf an Wahlen, Mehrheitsfindungen oder Abstimmungen. Verhaltensbezogene Daten können Demokratie als das gesellschaftliche Feedbacksystem ersetzen.» Das denkt der finnische Futurist Roope Mokka, der diese Vision einer Post-voting-Society in der 2017 vom Bundesumweltministerium gemeinsam mit dem Bundesinnenministerium herausgegebenen «Smart City Charta» präsentieren durfte. Ein sehr ähnliches Ziel verfolgt der Informatiker Alex Pentland, wenn er in seinem Buch *Social Physics* für eine mathematisch akkurate Gesellschaftswissenschaft argumentiert, die politische Entscheidungen berechnen soll, sodass diese nicht mehr im mühseligen demokratischen Prozess ausgehandelt werden müssen. Und das sind nur zwei Extrembeispiele dafür, wie man sich die Herrschaft der Algorithmen vorstellen darf, die «Algokratie», die gleichzeitig das Ende der Demokratie bedeuten würde. Das chinesische Sozialkreditsystem wird dafür gerne herangezogen, aber erstens gibt es in China keine Demokratie, die man beenden könnte, und zweitens scheint die Mehrheit der Chinesen das System ja zu befürworten. Wenn Demokratie bedeutet, dass stets die Mehrheit entscheidet, dann müsste es dieser schließlich freistehen, sich Algorithmen zu unterwerfen – wie etwa solchen, die Punkte für Großmütterbesuche im Pflegeheim vergeben und sie wieder wegnehmen, wenn man auf dem Weg zurück eine rote Ampel überquert. Gerechtigkeit besteht dann darin, mit Hilfe von Überwachungstechnik dafür zu sorgen, dass niemand auf einer öffentlichen Toilette mehr Klopapier bekommt, als der durchschnittliche Po benötigt. Oder dass nur noch diejenigen einen Zug betreten dürfen, die zuvor genügend Sozialkredit angesammelt haben.

Wer das nun als gruseliges Experiment bezeichnet, sollte auch Argumente vorbringen können, was genau an diesem Experiment gruselig ist. Eines wäre das Folgende: Demokratie ist mehr als die Herrschaft der Masse. Sie basiert auf individueller Freiheit, und diese ist wertvoller als gesellschaftliche Harmonie. Dass genau diese individuelle Freiheit ursächlich dafür ist, dass niemand in Berlin freiwillig ein öffentliches Klo (schon gar nicht in einem Zug) aufsucht, wird dabei natürlich gerne unterschlagen. Das ist auch kaum der Freiheitsbegriff, mit dem Philosophen gerne hausieren gehen. Zum Glück fehlt uns in diesem Buch aber der Platz dafür, Freiheit positiv zu definieren und diese Definition normativ zu verteidigen. Bleibt uns nur, dies ex negativo zu versuchen: Der Wert individueller Freiheit ist etwas, das sich nicht berechnen lässt. Und alles Unberechenbare ist notwendig ein Widerspruch zur Algokratie.

31. Was war Cybersyn? Salvador Allende war von 1970 bis 1973 Präsident von Chile und verfolgte das Ziel, einen demokratisch legitimierten Sozialismus zu etablieren. Seine Präsidentschaft endete mit dem US-gestützten Militärputsch, in dessen Verlauf Allende sich das Leben nahm, Augusto Pinochet die Macht übernahm und dort eine bis 1990 andauernde Militärdiktatur etablierte. Das Projekt Cybersyn war eines der zentralen Projekte der Regierung Allendes. Cybersyn war der Versuch, die Wirtschaft eines Landes in Echtzeit von Computern steuern zu lassen. Das Projekt wurde nur in Teilen umgesetzt. Futuristischer Kult sind heute vor allem die kursierenden Modelle für den nie fertiggestellten Operations Room. Darüber hinaus sollte ein Cybernet genanntes Fernschreibernetzwerk Großrechner im ganzen Land miteinander Wirtschafts- und Produktionsdaten austauschen lassen und diverse Software Entscheidungsträgern die Konsequenzen von Entscheidungen simulieren bzw. ihnen diese komplett abnehmen. Cybersyn ist ein exzellentes historisches Beispiel für den Stellenwert, den die in den 1970er Jahren sich verbreitende Digitaltechnik auch im sozialistischen Denken innehatte. Gleichzeitig enthält es die Mahnung, dass Algokratie auch jenseits kapitalistischer Wirtschaftsordnungen Machtstrukturen etabliert und manifestiert.

Digitalwirtschaft

32. Was wollen Technikkonzerne? Auch Technikkonzerne wollen nicht immer nur das eine. Für mich war es jedenfalls ein Augenöffner, als einer meiner Lehrer sagte: «Wenn Du eine Institution verstehen willst, dann frage dich nicht, was ihre Aufgabe, sondern Schauplatz welcher Konflikte sie ist.» Auch Konzerne agieren in einem Netz von widerstreitenden äußeren und inneren Interessen, die es nötig machen, ihre individuelle Situation und Geschichte zu studieren. Bei all diesen Konflikten gibt es natürlich immer auch die Konstante der Wirtschaftlichkeit bzw. des Profitinteresses (je nachdem, wie links man es formulieren möchte). Diese begrenzt und formt freilich alle anderen Aktivitäten und Interessen, sie lenkt externe Strategien wie auch interne Kommunikation. Doch selbst Konzerne bestehen, trotz ihres teilweise maschinenhaften Daseins, aus Menschen und ihren Schwächen, mit denen sie ggf. sogar gegen die ökonomische Optimierung der Firma handeln oder strategische Risiken eingehen. Es gibt also eine Mischung aus Gleichförmigkeit und Verschiedenheit der Konzerne: Googles Strategien waren z. B. lange stärker von Softwareingenieuren geprägt als diejenigen von Meta oder Microsoft, aber alle fügen sich gewissen Tendenzen (z. B. bei Kundenbindung und Datamining).

Lawrence Lessig stellte 1999 fest, dass die Internetwirtschaft ihrer Natur nach ein Interesse an der Identifizierung der User haben würde, um ihre Angebote zu monetarisieren, und das schon vor jedem Interesse an der weiteren Auswertung der Verhaltensdaten. Dieses Interesse koinzidiert mit dem ebenso natürlichen (d. h. qua Aufgabe der Institution gegebenen) Interesse des Staates an Regulierung und ihrer effektiven Durchsetzung. Das erzeugt eine naheliegende Allianz zwischen den beiden Machtträgern des digitalen Zeitalters. Verstärkt wird diese Allianz, wenn die Internetkonzerne, wie im Fall der USA oder Chinas, gleichzeitig einen national verankerten geostrategischen Machtfaktor darstellen, wohingegen mit Konflikten zwischen Internetkonzernen und Staaten dort zu rechnen ist, wo, wie im Fall der EU, jener Umstand nicht gegeben ist. Gleichzeitig gibt es eine Tendenz zur Gegnerschaft: hinsichtlich der Gefahr, für die Interessen der jeweils anderen Partei eingespannt zu werden. Nicht alle Konzerne wollen Deregulierung. Doch in dem Aufbruchsklima, das mit der Digitalisierung einhergeht, werden tendenziell die besonders wirtschaftsliberalen Stimmen gehört, und zwar vornehmlich diejenigen aus dem wörtlichen oder sprichwörtlichen Silicon Valley, deren Prominenz ausschließlich auf expansivem wirtschaftlichem Erfolg beruht und die Regulierung v. a. als Hindernis ihres Gestaltungs- und Disruptionswillens erleben.

33. Was kann man von der Dot.com-Blase lernen? Natürlich hatte die Dot.com-Blase alles, was andere Blasen auch haben: Goldgräberstimmung und Hysterie, schneller, oft temporärer Reichtum für einige und ruinöse Wetten auf der Basis von Hörensagen für die meisten. Dazu jede Menge Drama, Betrug und Scharlatanerie. Im Jahre 1637 zahlten Investoren mit glänzenden Augen riesige Summen für ein paar Tulpenzwiebeln, im Jahr 2000 überwiesen sie im Zweifelsfall hohe Millionenbeträge an halbe Teenager ohne Geschäftsmodell.

Die Dot.com-Blase hat aber auch einige spezifischere Charakteristika, die bis heute für die Digitalwirtschaft relevant sind. Zunächst die Wissensasymmetrie: Investoren waren zwar auch im 17. Jahrhundert keine Tulpenexperten. Doch der Unterschied im Technikverständnis zwischen den Geldgebern einerseits und den

Firmengründern andererseits hatte ganz andere Dimensionen, zumal er auch Milieu-, Lifestyle-, und Altersunterschiede einschloss. Selbst bemühte Investoren konnten kaum einschätzen, worauf sie eigentlich ihr Geld setzten. Außerdem, und das verstanden die Investoren sehr wohl, wurde das Fieber durch das Gefühl verstärkt, am Beginn einer tiefgreifenden sozioökonomischen Veränderung und zweiten Gründerzeit zu stehen. Wer jetzt auf das richtige Pferd setzte, konnte in einigen Jahren die Welt beherrschen.

Das Internet existiert im Prinzip seit den 60ern, doch erst Anfang der 90er wurde der Personalcomputer zum Standard in westlichen Haushalten. 1996 war das Jahr, in dem diese Rechner auf breiter Front an das weltweite Netz angeschlossen wurden. Private und kommerzielle Webdienste schossen wie Pilze aus dem Boden, und was folgte, war die erste große Welle der Digitalisierung, oder genauer: die erste große Welle aus Träumen und Experimenten damit, was sich wohl alles digitalisieren (und monetarisieren) ließ. Experimente brauchen Zeit, Geld und Pluralität, doch in der Winner-takes-it-all-Struktur des globalen Netzes musste die Anzahl an Gewinnern letztlich extrem klein sein. Ab 1999 stiegen die Kurse rasant, im März 2000 kam der Zusammenbruch. Firmen wie der Einkaufs-Lieferservice Webvan (1999 mit 1,2 Millarden US-Dollar bewertet), eToys oder pets.com verloren dreistellige Millionenbeträge, und selbst Dienste wie der Hoster geocities, das für 3,6 Milliarden vom Webportal Yahoo übernommen wurde, zerfielen in kürzester Zeit.

Seither ist die Hysterie wie auch die Wissensasymmetrie ein Stück kleiner geworden, und der Markt hat sich konsolidiert. Ein Startup träumt typischerweise nicht mehr davon, das nächste Google zu sein, sondern davon, von Google gekauft zu werden. Gleichzeitig haben sich bestimmte Modelle durchgesetzt und homogenisiert, mit denen Userbasis und Monetarisierung verzahnt werden (→ 37). Geblieben ist darüber hinaus die Einsicht, dass, wie der Investor Marc Andreessen es damals formulierte, «Software die Welt frisst»: Wohl bald werden alle Lebensbereiche und Industrien, Künste, Berufe, Hobbies und Erholungsformen von digitalen Diensten ersetzt, gemanagt oder begleitet. Und solange das geschieht, wird es auch umtriebige Menschen mit Ideen geben, die zur Umsetzung derselben Geld benötigen.

34. Wie viele deutsche Startups kennen Sie? Deutschlands Innovationskraft als digitaler Wirtschaftsstandort sowie diejenige seiner Startup-Szene wird viel zu oft belächelt. Klar gibt es kein deutsches Google – und dass die großen US-Konzerne den europäischen Digitalmarkt dominieren, hängt mit der amerikanisch-freien Marktwirtschaft zusammen, aus der heraus sich erst das Lebensgefühl der Creative Disruption («Don't ask permission, ask forgiveness») entwickeln konnte, die für die Anfänge des Silicon Valley so prägend war.

Gesetze und Regulierungen sind aus unternehmerischer Sicht immer ein Hindernis, und während deutsche Unternehmen oftmals lange auf entsprechende Lizenzen und Bescheide warten müssen, um eine bestimmte Tätigkeit aufnehmen zu können, haben die amerikanischen Unternehmen schon längst ihre ersten Wettbewerbsstrafen bezahlt, weil sie dieselbe Tätigkeit einfach ohne «permission» ausgeübt haben. «Forgiveness» zahlt sich eben aus der Portokasse.

Vor allem datengetriebene Geschäftsmodelle haben es in Deutschland traditionell schwer: zum einen, weil Deutschland mit seinen nur 80 Millionen Einwohnern global gesehen ein deutlich uninteressanterer Datenpool ist als die USA oder gar China und Indien; zum anderen ist den Deutschen aufgrund ihrer jüngeren Geschichte (zwei Diktaturen mit jeweils besonders perfiden staatlichen Überwachungspraktiken) ihre Privatsphäre ungleich wichtiger als den meisten Menschen anderswo – und deutsche (und inzwischen teilweise auch europäische) Datenschutzgesetze für Unternehmen ungleich einschränkender als irgendwo sonst auf der Welt.

Wohl auch deshalb agieren viele deutsche Startups Business-to-business oder «B2B», weshalb sie in der breiten Öffentlichkeit eher unbekannt sind. Das gilt auch für das wichtigste deutsche Software-Startup, das natürlich längst keines mehr ist: SAP. Deutsche B2B-Startups bieten heute oftmals maßgeschneiderte Tools und Lösungen für eine bestimmte Nische, in denen sich viele kleine und mittelständische Unternehmen überfordert fühlen: Das Personalverwaltungstool Personio etwa, die digitale Buchführung von Zeitgold, das Geschäftsreisenportal Comtravo, oder das Jobportal Medwing, das sich auf die Vermittlung medizinischer Fachkräfte spezialisiert hat. Manche Startups sind gerade deshalb erfolgreich, weil sie anderen Unternehmen den Umgang mit der manchmal überbordenden staatlichen Regulierung erleichtern.

Traditionell stark sind deutsche Unternehmen etwa im Bereich der Medizintechnik, wovon wiederum auch viele Startup-Ideen profitieren: Während deutsche KI-Forschung international oftmals unterschätzt wird, ist deutsche KI etwa bei medizinischen Bildgebungs- und Diagnostikverfahren weltweit führend. Die Marktführerschaft in derartigen «Nischenmärkten» wirkt im internationalen Vergleich sicher nicht so spektakulär wie die universalistisch auf die Massenmärkte ausgerechneten Business-Strategien der amerikanischen Tech-Firmen. Sie sind gesellschaftlich aber nicht weniger wichtig – und wirtschaftlich alles andere als unbedeutend.

Gleichzeitig verändert sich Deutschland zunehmend zum Gründerstandort und vor allem die Hauptstadt Berlin zum international renommierten Startup-Hub. Das einst amerikanische Move-Fast-and-Break-Things (so das ehemalige Facebook-Motto) ist längst Lebensgefühl vieler Jugendlicher auch hierzulande, die mit innovativen digitalen Lösungen oftmals auch die Welt besser machen wollen, sei es durch Klimaschutz-, Bildungs- oder Lebensmittelrettungs-Apps.

35. Sollten große Technikkonzerne aus kartellrechtlichen Gründen zerschlagen werden? Ja.

36. Wie haben die Internetgiganten ihre Marktposition erreicht? Meta könnte seinen Status als Internetgigant am ehesten verlieren. Wie Google erzielt es seinen Umsatz primär mit Werbung, aber anders als Google hat es kein anderes Standbein und gleichzeitig deutlich weniger Reichweite und Diversifizierung im Werbemarkt selbst. Meta lebt von den Daten seiner sozialen Netzwerke (Facebook, Instagram und WhatsApp), deren Monetarisierung schwierig und deren Kundschaft volatil ist. Wohl auch deshalb muss Mark Zuckerberg darauf wetten, dass Menschen sich in naher Zukunft in einem sozialen Netzwerk in 3D, dem «Metaverse», zusammenfinden wollen. Aber selbst wenn diese Wette schief geht, bleibt Meta der unangefochtene Platzhirsch bei sozialen Medien.

Microsoft hat seine erfolgreiche Metamorphose bereits hinter sich: von einem Anbieter von Betriebssystemen und Office-Programmen (der wesentlichen Cash Cow) hin zu einem Fokus auf Services, Verhaltensdaten und Werbung. Unter den großen Fünf ist es das älteste Unternehmen, das sich seine Macht zwischen den 80ern und 90ern zuerst durch einen Deal mit IBM und dann durch radikal anti-wettbewerbliches Verhalten erarbeitet hat, dessen Strategie sich einen Namen gemacht hat: EEE – Embrace, Extend, Extinguish. Microsofts Taktik bestand darin, durch die Kontrolle von de facto Standards Konkurrenten auszusperren und gleichzeitig die Abhängigkeit der Kunden von seinen Produkten sicherzustellen. Doch dabei hat Microsoft, nicht ohne Grund mehrfach als beliebtester Arbeitgeber in der IT ausgezeichnet, auch massive technische Kompetenz und ökonomische Substanz akkumuliert, die der Firma nicht zuletzt auch im Cloudmarkt zustatten kommt. Überhaupt haben alle vier, wiederum mit Ausnahme von Meta, ihre eigenen Cloudangebote und kontrollieren damit die Grundlagen digitaler Infrastrukturen. Unbestrittener König im Cloudgeschäft ist Amazons AWS, das mittlerweile einem Drittel aller Webdienste zugrunde liegt: Sie können kaum ein paar Minuten online sein, ohne unwissentlich mit einem Server von Amazon zu kommunizieren.

Allen außer Apple ist gemeinsam, dass sie ihre Märkte in äußerst kurzer Zeit mit den aggressivsten Mitteln erobert haben. Als Firma, die auf die Bündelung von Software und Hardware setzt, hat Apple andere Prioritäten. Es kann sich als Datenschützer inszenieren und Datenschutz sogar als Waffe einsetzen. Umso mehr muss es aber dafür Kontrolle über seine Plattformen und einen wesentlichen Teil der Lebenswelt der Nutzerinnen behalten: keine Fremdanbieter erlauben, die die Bündelung von Hard- und Software aufheben würden; ein expandierendes Ökosystem von Office über Streaming bis Filmstudio betreiben; und vor allem den App Store so engmaschig (und lukrativ – 30 % der Appverkäufe gehen an Apple) wie möglich steuern, inklusive Druck auf die Anbieter, Apples Zahlungssystem zu benutzen und In-App-Verkäufe zu maximieren.

Google kam zuerst durch einen Deal mit Yahoo, eine kompromisslos schnelle Suchmaschine (die dazu ein paar Internetstandards unterlief), und dann durch die Einführung eines verhaltensdatenbasierten automatisierten Auktionssystems für Internetwerbung auf die Erfolgsspur. Meta expandierte, indem es Emails von den Postfächern seiner Kunden versandte, und danach durch strategische Zukäufe. Amazon segelte bis vor kurzer Zeit auf massiven Verlusten zur Marktdominanz und zum Monopson (beim Monopson ist – als Gegenstück zum Monopol – ein einziger Nachfrager so mächtig, dass er Preise diktieren kann). Und dank der detaillierter Daten über Käufe und Interessen – die Möglichkeiten der einzelnen Händler weit übertreffen – kann Amazon gleichzeitig selektiv lukrative Marktsegmente übernehmen.

So weit, so kapitalistisch. Aber auch für Geschäfte spielt es eine große Rolle, dass die digitale Welt anders skaliert als die physische und damit noch stärker die Großen begünstigt. Durch direkteren und ortsunabhängigen Wettbewerb heißt es erst recht in jedem Marktsegment: Es kann nur einen geben. Der wirtschaftliche Druck zu aggressiver Expansion ist daher in der Digitalwirtschaft noch viel größer als in der vordigitalen Ökonomie.

Denn jede Strafe und jedes noch so zweifelhafte Mittel ist es wert, wenn man am Ende dieser eine ist.

Mit der Tendenz zur Machtkonzentration reiht sich die Digitalwirtschaft in die Geschichte der Medienimperien ein — sehr informativ dargestellt in Tim Wus *The Master Switch*. Im freien Markt der USA gab es bei jeder technischen Neuerung einen Spieler, der die Kontrolle über praktisch den gesamten Markt an sich reißen konnte: erst Radio, dann Telefon, dann Fernsehen, worauf sich bis zur nächsten Umwälzung eine Plateauphase minimaler Innovation einstellte, auf der der jeweilige Platzhirsch sich als Garant von Stabilität und Zuverlässigkeit inszenierte. Doch Bells Telefon-Imperium ist untergegangen, die Welt nicht. Was das für die Zukunft der digitalen Märkte heißt, wissen wir nicht: Microsoft rettete, nicht ganz uneigennützig, Apple vor dem Bankrott. Die amerikanische Regierung intervenierte wiederum 2001, sicher auch aus geostrategischen Gründen, gegen die Zerschlagung von Microsoft. Im Zuge der Krisen zerfällt nun auch die globale digitale Welt zunehmend in Interessensphären: Alibaba und Tencent in China, Yandex in Russland, Jio in Indien – und mit der Zunahme an Konflikten tritt auch die strategische Kontrolle über digitale Infrastrukturen mehr ins Bewusstsein, die sich zunehmend auch mit Geschäftsinteressen verbindet.

37. Was versteht Shoshana Zuboff unter Überwachungskapitalismus? Unter Überwachungskapitalismus versteht die US-amerikanische Wirtschaftswissenschaftlerin Shoshana Zuboff eine parasitäre Wirtschaftsordnung, die auf dem Geschäftsmodell der großen Technikkonzerne aufbaut und den althergebrachten Kapitalismus übersteigert. Während dieser sich darauf beschränkt, menschliche Arbeitskraft zur Maximierung des Profits auszubeuten, wolle der Überwachungskapitalismus den Menschen insgesamt ausbeuten, entwerten und von allen genuin menschlichen Erfahrungen entfremden.

Häufig hört man, dass viele Online-Dienste nur deshalb nichts kosten, weil wir mit unseren Daten bezahlen. Wir seien das Produkt auf einem Markt, den wir nicht unmittelbar verstehen. Laut Zuboff stimmt das nur zur Hälfte: Unsere Daten sind lediglich Rohstoff, der in das eigentliche Produkt umgewandelt und an Werbetreibende verkauft wird. Es geht dabei um Vorhersagen über menschliches Verhalten: Wie wahrscheinlich ist es, dass eine Person (basierend auf den über sie gespeicherten Informationen wie Alter, Geschlecht, Browserverlauf, Musikgeschmack etc.) ein Produkt kaufen wird? Und wie genau muss diese Person durch Werbung adressiert werden, damit die Wahrscheinlichkeit steigt?

Letzte Woche im Bioladen fragte mich die Inhaberin, ob ich noch Feldsalat kaufen möchte. Sie weiß u. a., was ich gerne esse, dass ich recht chaotisch einkaufe und häufig in meinen Warenkorb lege, was mich spontan anspricht, dafür aber die Hälfte meiner Einkaufsliste vergesse. Natürlich gab es am nächsten Tag Feldsalat bei uns – mit Orangen, wie von ihr empfohlen. Bin ich einer fiesen Überwachungskapitalistin zum Opfer gefallen, die aufgrund ihres Wissens mein Verhalten exakt vorhersagen kann? Wir fühlten uns weder ausgebeutet noch entfremdet oder einer selbstbestimmten Zukunft beraubt, sondern vor allem: satt.

Doch was, wenn einer Schülerin gezielt und über eine längere Zeit hinweg Inhalte auf allen sozialen Medien angezeigt werden, die ihr Selbstbewusstsein untergraben, nur um ihr dann passend zum bevorstehenden Abschlussball Werbeanzeigen für eine sexy schwarze Lederjacke einzublenden? Facebook hat etwa im Jahr 2012 massenhaft versucht, die Emotionen seiner User positiv bzw. negativ zu beeinflussen, indem ihnen gezielt nur positive bzw. negative Nachrichten auf ihrer Timeline angezeigt werden – und diese Emotionen gezielt in ein bestimmtes Klickverhalten umzulenken (später wurde dies als sog. «emotional contagion experiment» bekannt, das außer einigen empörten Reaktionen jedoch keine Konsequenzen für den Konzern hatte).

Zuboff denkt genau an solche Beispiele, wenn sie behauptet, dass der Überwachungskapitalismus unser Recht auf eine freie, selbstbestimmte Zukunft untergräbt. Tech-Konzerne haben die

Logik des sogenannten *behavioural surplus* verinnerlicht, d. h. des zusätzlichen Gewinns, der sich aus Verhaltensvorhersagen aus jeder Useraktion herausschlagen lässt. Genau deshalb überrollt der Überwachungskapitalismus aus der Onlinewelt heraus nach und nach auch die Offlinewelt. Technisch wäre es nicht schwierig, Staubsaugerroboter zu bauen, die keine Grundrisse der eigenen Wohnung auf die Server ihrer Hersteller hochladen, wo sie zum überwachungskapitalistischen Produkt weiterverarbeitet werden, z. B. zu einer Vorhersage über den nächsten Sofakauf. Pokémon Go wäre auch dann ein erfolgreiches Spiel geworden, wenn Nintendo sich nicht dafür hätte bezahlen lassen, Teenager zum nächsten McDonalds zu locken. Auf den *behavioural surplus* zu verzichten, würde aber eine mit wenig Aufwand erschließbare Einnahmequelle unberührt lassen und es Unternehmen entsprechend erschweren, auf einem Markt mitzuhalten, in dem quasi alle Konkurrenten sich dieser Einnahmequelle bedienen. Laut Zuboff steht das Schlimmste noch bevor, auch wenn Skandale wie Cambridge Analytica (→ 38) bereits gezeigt haben, wie die Instrumente des Überwachungskapitalismus auch gegen demokratische Willensbildung eingesetzt werden können. Als politische Konsequenz fordert Zuboff, den Handel mit derlei Verhaltensvorhersagen gesetzlich zu verbieten.

38. Was war der größte Technikskandal der letzten Jahre? Der Nutzen von Digitaltechnik besteht auch darin, dass wir nicht über sie nachdenken müssen. Sie soll uns erlauben, unsere nicht-digitalen Ziele zu verfolgen, ohne uns im Einzelnen um das Wie zu kümmern. Doch es gibt immer wieder Vorfälle, die angsteinflößend oder verstörend (neudeutsch: «creepy») genug sind, um unser Vertrauen in digitale Dienste wenigstens für einen kurzen Moment zu unterbrechen.

Klischees, Empörungsdramatik, Eruption, Erkalten und sodann die Schwierigkeit, langfristige Veränderungen herbeizuführen: Skandale sind weder schön noch besonders vernünftig. Auch fördern sie nicht zwangsläufig neues Wissen zutage, sondern bestehen darin, eine gewisse öffentliche Aufmerksamkeitsschwelle zu durchbrechen. (Z. B. war fast alles, was Edward Snowden über die Massenüberwachungspraxis der NSA zu sagen hatte, Fachleuten in Grundzügen bekannt.) Immerhin können Skandale Veränderungen bewirken. Doch gerade weil wir eine zunehmend eruptive Medienlandschaft haben, scheint die Durchschlagskraft von Skandalen sich zunehmend zu verringern. Es gibt Firmen oder Politiker, denen praktisch kein Skandal etwas anhaben kann. Interessanter als die Frage, welche Skandale uns am meisten aufregen, ist daher die Frage, welche uns am meisten aufregen *sollten*. Hier eine kleine Liste:

Datenlecks und Hacks: Schlecht gesicherte Datenbank-Schnittstellen oder Admin-Zugänge sind viel zu häufig, als dass sie es in die Nachrichten schaffen. Ausnahmen bildeten das Equifax Datenleck 2017, das sensible finanzielle Daten von über 163 Millionen Menschen offenlegte, die gehackte Kundendatenbank der Seitensprungagentur Ashley Madison 2015 oder die versehentliche Veröffentlichung einer halben Milliarden Datensätze bei Facebook 2019. Am interessantesten ist vielleicht, im gleichen Jahr, die Veröffentlichung von 1,2 Milliarden Personendatensätzen einer Firma namens oxyData.io – die offensichtlich intime Einsichten in das Leben eines wesentlichen Teils der Weltbevölkerung hat, ohne dass diese Weltbevölkerung auch nur von ihrer Existenz wusste. Was den Umfang angeht, geht die Krone aber vermutlich an Yahoo, mit einem Leck zu drei Milliarden Kundenkonten im Jahre 2013.

Politische Manipulationen: Cambridge Analytica griff bekanntlich 2016 bis zu 87 Millionen Facebook-Profile ab, um die US-Präsidentschaftswahl zu beeinflussen. Die israelische NSO Group verkaufte die Software Pegasus an allerlei Länder, die damit Journalisten und Oppositionelle ausspionierten. Interessant wäre hier aber der Rest des Eisbergs: Welche anderen, neueren Firmen bieten politischen Parteien «Mikromarketing» auf der Basis noch besserer Datensätze an als die inzwischen insolvente Cambridge Analytica? Welcher Geheimdienst und andere Entitäten lesen sonst noch wo und wie mit? Und wie arbeitet Peter Thiels Palantir eigentlich?

Was Firmen so treiben: Laut der Aussage eines Facebook-Ingenieurs wird jeder User über kurz oder lang Teil von psychologischen Experimenten, ohne das zu merken. Bekannt wurde das nur versehentlich – wie z. B. beim «Emotional Contagion»-Experiment, dem Nachweis, dass man gezielt die emotionale Qualität der Postings der Nutzer beeinflussen konnte. Oder 2017 bei einem Versuch mit 6,4 Millionen Teenagern, zu dem ein internes Facebook-Dokument bewarb, man könne nun minutengenau feststellen, wann Teenager verzweifelt seien, einen «confidence boost» benötigten und am besten auf unbewusste Hinweise reagierten. Der spanische Fußballverband aktivierte einmal über seine App die Mikrofone von Privatnutzern, um akustisch zu messen, ob irgendwo im Hintergrund eine illegale Fussballübertragung stattfand. Und in den ehrwürdigen Halloween-Dokumenten von 1998, internen Memos von Microsoft, wird u. a. mit Bedauern festgestellt, dass man die konkurrierende Freie-Software-Bewegung nicht wie üblich mit Schmierkampagnen bekämpfen könne. Wem das zu lange her ist: Amazon setzt 2009 kaum weniger rabiate Mittel gegen potentielle Gewerkschaftler ein, und Facebooks Sheryl Sandberg engagierte ein Detektivbüro zur Diskreditierung von Kritikern des Netzwerks. Geschadet hat es am Ende wenig. Denn im freien Markt, zumal im freien digitalen Markt, gewinnt eben nicht unbedingt das bessere Produkt, sondern die aggressivere Produktstrategie.

39. Was verändert die Digitalisierung im Versicherungswesen? In Privatsphäredebatten heißt es manchmal: «Stell Dir bloß vor, wenn Deine medizinischen Daten oder das Wissen um Deinen unverantwortlichen Alkoholkonsum in die Hände von Versicherern fielen …!» Die zweite Hälfte des Arguments muss offensichtlich lauten: «Dann würden diese ja die ganzen Risiken und Nebenwirkungen Deines Lebens in Deine Police einkalkulieren». Der Tenor: Pass bloß auf, dass Du nicht real das zahlen musst, was Deiner Lebensweise angemessen wäre. Das Argument appelliert an den Halbstarken in uns, der einfach nur das Beste für sich herausschlagen will und dabei das rational agierende Gegenüber skandalisiert. Fairerweise muss man sagen, dass auch die Versicherungen nichts anderes tun, als das Optimum herauszuholen. Die gemeinsame Prämisse, auf die sich dabei alle stillschweigend einigen, lautet, dass sich jeder selbst der Nächste ist.

Die Digitalisierung hebt freilich die Optimierungsmöglichkeiten für Versicherungen, wie für Unternehmen generell, auf eine neue Stufe. Eine Tendenz zur Individualisierung der Verträge gab es vorher schon, aber nun lässt sich diese in ganz anderen Dimensionen verfolgen. Das ist das Prinzip der «Computer-mediated transactions», wie es Googles Chef-Ökonom Hal Varian bereits Anfang der 2000er Jahre als einer der ersten vorausgesehen hat. Nicht nur Vorerkrankungen, sondern jeder Parameter der Lebensführung, auch Umfeld und Genetik, können die Wahrscheinlichkeiten dafür eingrenzen, wie teuer ein Versicherter später werden wird. Warum sollte auch der zahme Buchhalter, der dank Kamillentinktur, Risikoaversion und Soziopathie seine Gesundheit bis ins hohe Alter bewahrt und dann ohne Komplikationen sanft entschläft, das selbstverschuldete Krebsrisiko der Raucher, das Absturzrisiko der Bergsteiger oder die Geburtsvorsorge von Schwangeren mittragen? Die hätten ja auch Buchhalter werden können.

Dieses Argument ignoriert natürlich, dass zumindest ein Teil der individuellen Optimierungen von den Versicherern einkassiert und nicht an die Gemeinschaft weitergegeben werden. Aber darum geht es hier nicht. Entscheidend und traurig ist vielmehr, dass das Argument so vielen Menschen einleuchtet. Damit wird stillschweigend ein Paradigmenwechsel vollzogen. Die Idee eines Versicherungssystems war einmal, dass die Gemeinschaft individuelle Risiken gemeinsam trägt, indem jeder einen Einheitspreis für den zu erwartenden Durchschnittsschaden bezahlt. Das war im 19. Jahrhundert auch nicht anders möglich. Heute aber müssen wir dank Big Data nicht mehr das Risiko eines jeden auf alle umlegen. Wir verteilen lediglich das individualisierte Risiko über das einzelne Leben. Das wiederum heißt: Es gibt wertvolle und wertlose Kunden, lukrative Kunden und potentielle Kostenfallen, nämlich die Ärmsten, Ältesten und finanziell Schwächsten – die keine Versicherung will. Damit wäre der Solidaritätsgedanke eliminiert.

40. Was hat die Digitalisierung mit der Musikbranche gemacht? Fabian sagte früher gerne, er sei Philosoph geworden, weil Musik ein brotloser Beruf sei. Inzwischen ist das leider gar kein Witz mehr. Die Musikindustrie hat eine tiefgreifende Transformation hinter sich. Bis in die 90er Jahre waren die Umsätze relativ stabil bzw. stiegen mit der wirtschaftlichen Entwicklung. Es gab zwar Kopien auf Kassetten, aber Vinyl-Tonträger und CDs garantierten stetige Verkäufe. Doch mit der Digitalisierung wurden illegale Kopien leichter zugänglich, qualitativ gleichwertig und genauso komfortabel wie die gepressten Tonträger. Nach dem Napster-Schock (Napster war die führende Tauschbörse für illegale Musikkopien) kamen v. a. mit Apples iPod und iTunes die legalen Downloads, nach den Downloads kam das Streaming. 2021 übertrafen die Gesamtumsätze der Branche erstmals wieder das Niveau von 1999, nachdem sie sich bis 2014 fast auf die Hälfte reduziert hatten.

Die Musikszene war aber nicht mehr dieselbe. Wie genau Ausschüttungen an Musiker berechnet werden, ist geheim. Doch nach allem, was sich recherchieren lässt, folgt Spotify einem kuriosen Umverteilungsmodell: Hier finanziert Klassik und experimenteller Freejazz Branchengrößen wie Beyoncé, Ed Sheeran und The Weeknd quer. Auch bei anderen Diensten ist der Druck größer, schon weil grundsätzlich im globalen Dorf die Reichweite der Top Acts verstärkt wird – in ABBAs Worten: «The winner takes it all.»

Auf Spotify brauchen Künstler 254 Streams für eine Auszahlung von 1 Euro, auf Deezer 174, Apple Music 155, und auf Youtube Music ganze 1612. Von der Ausschüttung wiederum geht aber nur ein kleinerer Teil an die Künstler: durchschnittlich 18 % eines CD-Verkaufs, aber nur noch 15,5 % eines Spotify Abonnements. Die Verteilungsindustrie spart also einerseits Produktionskosten und baut andererseits ihren Anteil aus. Der große Gewinner dabei sind die Labels, die 45 % der Auszahlung einstreichen, an Spotify gehen 20,8 %. Kurz gesagt: Die Digitalisierung hat, wie in anderen Bereichen auch, die (musikalische) Mittelklasse massiv verkleinert. Jenseits der Top Acts können in der zweiten und dritten Reihe viel weniger Menschen von Musik leben. Für Hobbyisten ist das Produzieren, Aufnehmen und Verteilen von Musik durch die Digitalisierung um vieles leichter geworden. Aber professionelles Equipment und Aufnahmen bleiben teuer (umso mehr als den Studios durch das Homerecording Umsätze weggebrochen sind). Entsprechend härter ist das Musikerleben – und zwar gerade nicht wegen seiner Exzesse: Schlecht bis gar nicht bezahlte Aufnahmen sind nun eher ein Mittel, um Konzertsäle zu füllen und das Merchandise anzutreiben. Das wiederum erhöht den Druck, mehr zu spielen, Promotionstermine wahrzunehmen und pausenlos Social Media Feeds zu füllen.

Das Ganze taugt als Beispiel für eine allgemeine Tendenz der Digitalisierung, die genauso Taxis, Gastgewerbe, Lieferdienste oder den Amazon Marketplace erfasst: Die Gewinne verschieben sich hin zu den zentralen Verteilungsdiensten, Arbeit dagegen wird breiter verteilt, genauer zugeschnitten und knapper vergütet. Damit wachsen Studierenden- und Gelegenheitsjobs (was wiederum als Gewinn wahrgenommen wird) auf Kosten derjenigen, die eine Familie ernähren könnten.

41. Wo haben Sie dieses Buch gekauft?   Haben Sie es überhaupt gekauft? Vielleicht haben Sie es auch geliehen oder geschenkt bekommen. Und haben Sie überhaupt ein Buch vor sich? Vielleicht haben Sie ein (womöglich illegales) PDF heruntergeladen, hören diese Zeile gerade als Audiobook oder lesen sie auf Ihrem Kindle. Wir urteilen nicht über das Konsumverhalten unserer Leser, wünschen uns aber, dass sie informierte Entscheidungen treffen.

Angesichts der Digitalisierung steht der Buchmarkt nämlich vor gewaltigen Herausforderungen.

Die folgenden Zahlen sind Schätzungen, außer unser Honorar betreffend. Jeder von uns erhält 39 Cent pro verkauftes Exemplar. Unser Verlag hat uns nicht über den Tisch gezogen. Eine Beteiligung zwischen 5 und 8 % am Nettoladenverkaufspreis ist marktüblich. Dennoch müssen sich Verlage anstrengen, damit ein Buch kein Verlustgeschäft wird. Einen Löwenanteil des Ladenpreises machen die Marketing- und Vertriebsstrukturen aus, ohne die Sie vermutlich gar nicht von diesem Buch erfahren hätten. Amazon erhält etwa (dies ist nur ein «educated guess») für ein verkauftes Buch zwischen ca. 40 und 45 % des Nettoladenpreises. Pro verkauftes Exemplar sind dies etwa 5 bis 6 Euro. Aufgrund von geschickter Lobbyarbeit und politischer Unfähigkeit wird Amazons Anteil gering bis gar nicht versteuert. Ein inhaberbetriebener Buchladen erhält in Deutschland ca. 40 bis 45 % des Nettoladenpreises, also auch 5 bis 6 Euro, die allerdings versteuert werden. Wenn dieses Buch ein Bestseller wird (dafür müssten mindestens 10 000 Exemplare verkauft werden), und alle Exemplare über Amazon bestellt werden, erhielte Amazon durch uns 50 000 bis 60 000 Euro. Im Gegensatz dazu würde jeder von uns 3900 Euro erhalten, die wir versteuern müssen. Selbstverständlich handelt es sich hier nicht um den Gewinn, da unser Buch u. a. einen Anteil zur Deckung der Fixkosten von Lager- und Logistikprozessen bei Amazon leisten muss, während die variablen Kosten (die pro verkauftes Exemplar anfallen, z. B. der Versandkarton) gering sein dürften. Unser Honorar ist ebenfalls kein Reingewinn, wenn wir schwer zu beziffernde Fixkostenanteile u. a. für Heiz- und Stromkosten, Internetvertrag, Briefmarken etc. berücksichtigen (was wir müssten, wenn wir aus wirtschaftlichen Gründen Bücher schreiben würden).

Außerdem bekommen Autoren und Verlage in Deutschland eine Ausschüttung durch die VG Wort (= das GEMA-Äquivalent auf dem Buchmarkt), die u. a. daher rührt, dass der Gesetzgeber davon ausgeht, dass Bücher kopiert und gescannt werden, sodass ein geringer Prozentsatz jedes Kaufs von Druckern, Kopierern, Scannern etc. an die VG Wort abgeführt werden muss. Copy-Shops zahlen etwa eine Lizenzgebühr an die VG Wort, deren Höhe sich u. a. nach der fußläufigen Entfernung von der nächsten Hochschule richtet. Sie haben also schon dafür bezahlt und wir wurden dafür entschädigt, dass Sie dieses Buch (oder Auszüge) vervielfältigen. Sie dürfen dies vermutlich trotzdem nicht tun: Ausnahmen bestehen u. a. für Unterrichts- und Forschungszwecke, wobei die Rechtslage zu komplex ist, um sie hier adäquat wiedergeben zu können.

Insbesondere für kleine Verlage ist der Onlinehandel ein großes (aber unvermeidbares) Geschäftsrisiko. Zum einen verlangen Amazon (und andere Händler) bis zu 45 % des Nettoladenpreises, zum anderen handelt es sich meist um Kommissionsgeschäfte, d. h. Amazon behält sich das Recht vor, nicht verkaufte Ware wieder an den Verlag zurückzugeben. Häufig ist auch das Risiko des gesetzlichen Widerrufs auf die Verlage ausgelagert. Wenn Amazon-Kunden ein Buch innerhalb von 14 Tagen zurücksenden, erhalten sie ihr Geld wieder. Vielen Verbrauchern ist jedoch nicht klar, dass große Online-Händler zurückgesandte Bücher wegwerfen (weil die Wiedereinsortierung zu aufwändig wäre), der Verlag (und wir als Autoren) dann aber keine Vergütung für das weggeworfene Buch bekommen. Natürlich zwingt niemand kleine Verlage dazu, ihre Bücher zu diesen Konditionen zu vermarkten (größere Verlage haben eine bessere Verhandlungsposition und meist bessere Konditionen), aber insbesondere Amazons Marktanteil am internationalen Büchermarkt ist so gewaltig, dass kaum ein Verlag erfolgreich sein kann, dessen Bücher dort nicht gelistet sind.

Finanziell profitieren wir übrigens mehr, wenn Sie das eBook kaufen anstelle der Paperback-Ausgabe. Ob Ihnen ein gekauftes eBook aber wirklich gehört, hängt davon ab, welches Digital-Rights-Management-System Ihr Reader einsetzt und wie Sie Frage 2 beantworten würden. Im Jahr 2009 löschte Amazon etwa die Orwell-Klassiker (ja, ausgerechnet!) *1984* und *Farm der Tiere* von allen Kindle-Geräten. Die Käufer bekamen den Kaufpreis erstattet, und der Hintergrund ist keine Zensur, sondern ein Rechtestreit. Aber würde Ihr Buchhändler ungefragt in Ihre Wohnung eindringen, um ein gekauftes Buch aus dem Regal zu nehmen und dafür den Kaufpreis zurückzulassen? Würde Ihr Buchhändler dann auch prüfen, welche anderen Bücher im Regal sie wirklich gelesen haben, und würde er all Ihre Notizen und Unterstreichungen einsehen?

42. Wie funktioniert die Gig Economy?

- Nach Pankow?
- Ja, bitte.
  (Fahrer tippt auf sein Handy.)
- Geht gleich los. Du bist Sebastian, richtig?
  (Fahrer tippt immer noch auf sein Handy.)
- Ja. Wer bist du?
- Ich bin Unternehmer. Ich fahre Leute wie dich durch Berlin. Das ist mein privates Auto. Meine Aufträge erhalte ich über die App. Die matcht uns miteinander. Wie beim Online-Dating. Ich habe zehn Sekunden, um nach links oder rechts zu swipen. Dann habe ich den Auftrag. Ich kann auch ablehnen, wenn ich gerade keine Zeit oder Lust auf dich habe. Aber oft darf ich es nicht machen, sonst werde ich für eine Weile gesperrt. Dann kriege ich gar keine Aufträge mehr. Urlaub wird mir nicht bezahlt. Krankenversicherung muss ich selbst bezahlen. Benzin auch. Unfallversicherung. Wenn du besoffen auf die Rückbank kotzt, muss ich das wegwischen. Putzmittel und Lappen habe ich immer dabei. Das zahle ich auch selbst.
- Müsste ich dafür nicht selbst aufkommen?
- Natürlich. Aber dann gibst du mir eine schlechte Bewertung. Wenn meine Bewertungen zu schlecht sind, fliege ich aus dem System. Dann kriege ich gar keine Aufträge mehr.
- Du kriegst aber immerhin gut 20 Euro für diese Fahrt. Da bleibt doch immer noch ganz schön viel übrig.

– Ein Viertel davon sind Provision, die ich an die Plattform zahle. Die wird mir direkt abgezogen.

(Fahrer tippt hektisch am Handy.)

– Wir sind da.

* * *

– Na endlich! Du bringst doch meine Quattro Formaggi, oder?
– Ja, und was machst du?
– Ich schreibe gerade ein Kapitel zur Gig Economy. Ich will, dass sich Menschen bewusst machen, welch prekäre Arbeitsbedingungen hinter vielen App-Diensten stecken, die in der Digitalisierungseuphorie so gefeiert werden. Wie viel Geld die großen Plattformen verdienen, gerade nach Ausbruch der Pandemie. Und wie wenig die Menschen bekommen, die die tatsächliche Arbeit in diesem Geschäft haben. Dass das ganze System ausbeuterisch ist, vor allem in den USA. Aber das schwappt jetzt alles zu uns rüber. Pizzafahrer, Kurierdienstleister, Haushaltshilfen … all das bestellt man sich heute über eine App. Machst du das auch? Diese Leute tragen häufig das volle unternehmerische Risiko für ihre Aufträge, sind den Bedingungen der Plattformen aber wehrlos ausgeliefert. Hat mir letztens ein Uber-Fahrer erzählt. Auch Restaurants können kaum noch etwas an einem Essen verdienen wegen der hohen Provisionen an die Lieferdienste. Doch viele Menschen haben keine andere Wahl, als ihr Geld durch kleine «Gigs» zu verdienen. Manche sagen, das ist besser, als wenn die Leute gar keine Jobs hätten. Und die App-Entwickler und das Marketing müssen ja auch bezahlt werden. Und es braucht viel Marketing! Pizzaboten müssen sogar ihr eigenes Fahrrad mitbringen. Und die rasen deshalb immer so schnell damit, weil ihnen Geld abgezogen wird, wenn sie zu langsam sind. Und damit die Leute verstehen, was alles dahintersteckt, wenn sie bequem per Klick ihr Essen

bestellen, schreibe ich dieses Kapitel. Was sagst du denn dazu? Ich kann dir ja mal meinen Entwurf zeigen ...
– Keine Zeit. Guten Appetit.

43. Ist Netzneutralität wichtig? Netzneutralität bezeichnet die Forderung, dass Netzanbieter alle Daten gleich behandeln sollen. Jedes Datenpaket soll gleich schnell und gleich zuverlässig beim Adressaten landen, unabhängig davon, ob es sich um einen Netflix-Stream, Bitcoin-Transaktionen, Steuerdaten für Kraftwerke, oder E-Mails von Oma handelt. Während Netzneutralität lautstark von vielen Aktivisten als Kernfreiheit des Internetzeitalters gefordert wird, haben Netzanbieter immer schon ein Auge darauf geworfen, z. B. YouTube oder Netflix für deren große Datenmengen zur Kasse zu bitten, oder anders herum: für eine kleine Gebühr eine bevorzugte Behandlung anzubieten. Mit dem sogenannten Zero-Rating bestimmter Dienste (wenn etwa Spotify-Streaming nicht auf das monatliche Datenvolumen eines Handyvertrags angerechnet wird) wird Netzneutralität de facto verletzt, während sie andererseits aber in den meisten hochtechnisierten Ländern auf die eine oder andere Art rechtlich festgeschrieben ist. Bei einer Aufweichung dieses Prinzips jedoch befürchten viele ein «Zwei-Klassen-Internet», in dem große Tech-Unternehmen sich gegenüber kleineren Marktteilnehmern zusätzliche Bandbreiten- und Geschwindigkeitsvorteile verschaffen können. Und das führt dann dazu, dass der unbedarfte Nutzer denken muss, der kleinere Dienst sei auch der schlechtere.

Dass die Regelungen zur Netzneutralität so heftig umkämpft sind, erscheint daher verständlich. Da digitale Infrastrukturen die vollständige Kontrolle über das erlauben, was auf der Basis dieser Infrastrukturen geschieht, lässt sich die Tragweite dieses Themas nur schwer überschätzen. Allerdings kann man sich fragen, ob das tatsächlich nur für Netzanbieter gilt – und nicht vielmehr für alle Anbieter digitaler Dienste, die den Rang von Infrastrukturen haben, d. h. Plattformen, die für die Abwicklung bestimmter Handlungen quasi alternativlos geworden sind.

44. Wie neutral sollen Plattformen sein? Stellen Sie sich vor, jemandem gehöre die Luft: Ort und Verhalten jedes einzelnen Moleküls wäre vollständig kontrollierbar und automatisierbar. Die Besitzerin könnte die Zuteilung von Luft beliebig regeln, ja sogar Luftvibrationen beliebig erlauben oder verhindern. Zum Beispiel könnte sie festlegen, dass ein bestimmtes Wort einfach nicht mehr hörbar wäre. Man könnte zwar noch die Lippen bewegen, aber es käme kein Laut mehr.

Das ist ungefähr die Macht, die Facebook hat – wie auch jedes andere soziale Netzwerk und jeder zentralisierte Messenger: Instagram und WhatsApp (alles Teile des Meta-Konzerns), WeChat und Tiktok, Twitter, LinkedIn oder Xing. Ebenso Plattformen für Geschäftstransaktionen: Amazon, Alibaba oder Ebay, Paypal oder Shopify. Wer die Server, User Interfaces und Protokolle kontrolliert, kann prinzipiell jeglichen Inhalt manipulieren und jede Interaktion und Kommunikation unterbinden oder verstärken. Plattformbetreiber kontrollieren jedes einzelne Bit – und zwar ob sie das wollen oder nicht. Soziale Medien und Shoppingseiten müssen entscheiden, was wir im Feed zu sehen bekommen. Google muss entscheiden, welche Suchergebnisse und Werbeanzeigen eingeblendet werden. Und wenn man prinzipiell alles kontrolliert, ist nicht nur jeder Eingriff, sondern auch jedes Nicht-Eingreifen eine Entscheidung.

Facebook ist daher nicht einfach böse (zumindest nicht aus diesem Grund). Die absolute Macht der Administratoren und Plattformbetreiber liegt in der Natur der Digitalisierung, wo deren Strukturen zentral organisiert sind. Macht erzeugt zwangsläufig Verantwortung, ob man sie haben will oder nicht. Und sie weckt ebenso zwangsläufig Begehrlichkeiten. Digitale Macht erzeugt das Problem, dass wir Dinge regeln müssen, weil wir sie regeln können. Auf den Plattformen entfalten manche Dinge zumal eine andere Dynamik als zuvor – wie z. B. Desinformation, Kinderpornographie, üble Nachrede und je nach herrschender Meinung jedes andere als gesellschaftsschädigend angesehene Verhalten (was sich dann z. B. in China deutlich anders anlässt als in den USA oder Uganda). Insofern Digitaltechnik «die Welt frisst», macht sie auch alles regulierbar. Diese Macht ist nicht kontingent – und daher auch nicht so einfach abschaffbar.

Die Möglichkeiten, die Plattformbetreiber haben, sind immens, werden praktisch immer unterschätzt und bisher auch noch nicht vollständig ausgereizt. Durch jede Designentscheidung kuratieren sie zwangsläufig das Verhalten der Nutzer und können prinzipiell beliebig in Prozesse eingreifen, um bestimmte Ideen und Verhaltensweisen zu verstärken und andere zu verringern. Daher ist auch der Schlüssel zum größten wirtschaftlichen Erfolg zunehmend nicht ein erfolgreiches Produkt, sondern eine erfolgreiche Infrastruktur, die dann (wenn sie nicht im Interesse der Allgemeinheit reguliert wird) zur Voraussetzung dafür wird, alle Märkte oberhalb der eigenen Plattform im eigenen Interesse zu beeinflussen. Amazon als die zentrale Infrastruktur für Onlinehandel kann z. B. massiv Druck auf Verkäufer und Zulieferer ausüben (z. B. Buchverlage aus dem Sortiment nehmen, bis diese sich zu niedrigeren Preisen bereit erklären → 41). Sie sehen auch besser als jeder einzelne Händler, was sich verkauft – und können dann entsprechend eigene Produkte anbieten, erfolgreiche Händler gezielt aus dem Markt drängen und deren Kundenbasis übernehmen. Derartige digitale Geschäftsmodelle führen daher zu massiv asymmetrischen Machtverhältnissen, bei ganz verschiedenen Typen von Plattformen, die aber alle gemeinsam haben, dass sie de facto eine Infrastruktur darstellen und für die meisten Nutzer alternativlos sind.

45. Wie innovativ ist Elon Musk? Ja, man darf Helden haben. Und viele im Technikbereich haben sich dafür Elon Musk auserkoren, der deswegen, um es mit Droste-Hülshoff zu sagen, «entweder hochmütig getadelt oder albern gelobt wird». Musk ist wohl seit Steve Jobs der charismatischste Konzernchef der digitalen Welt. Grund dafür ist weniger sein Präsentationsstil als seine Visionen und sein serieller Erfolg: Erst PayPal (wo er geschasst wurde), dann SpaceX und Tesla (und deren intelligente Querfinanzierung). Anders als Sundar Pichai, Satya Nadella, Jeff Bezos oder Mark Zuckerberg, die eher klassische, strategisch veranlagte, universale Manager sind (und damit, charismatisch gesehen, ein Stück weit austauschbar), ist Elon Musk ein Visionär und technischer Organisator. Wie Steve Jobs nicht selbst Designer war, sondern ein begnadeter Produktmanager mit einem klaren Auge für Design, ist Musk kein Ingenieur, sondern Mikromanager mit einem klaren Blick für technische Abläufe. Dabei macht ihn so anziehend, dass er einen Blick für Details mit großen Visionen paart. Die beiden bekanntesten basieren auf Ängsten: Das Ziel hinter SpaceX ist letztlich der Wunsch, den Mars zu kolonisieren – Musks Antwort auf die Selbstbedrohung der Menschheit durch den Klimawandel. Und seine intensive Förderung künstlicher Intelligenz in der OpenAI-Foundation und bei Neuralink (deren Ergebnisse er, anders als andere, meist der Öffentlichkeit zugänglich macht) basiert auf Musks Überzeugung, dass KI die Menschheit definitiv überflügeln wird und wir nur am Ruder bleiben können, wenn wir uns mit der KI physisch vereinigen.

Überhaupt ist Musk extrem umtriebig und genuin kreativ wie produktiv. Quasi nebenbei entstehen daher laufend neue Initiativen, sei es die Boring Company mit der Idee der Hyperloop, deren Ausgestaltung Musk sofort abgegeben hat, oder die Versorgung des Erdballs mit satellitengestütztem Internet in Starlink. Oder auch einfach mal ein Flammenwerfer für den Hausgebrauch.

Man merkt es schon: Elon Musk ist oft einfach auch ein Teenager. Und wie alle Teenager denkt er, wenn es um Menschheitsfragen geht, sehr schematisch und extrapoliert auf der Basis einfacher Beobachtungen und Ängste. Bei KI und im Raumfahrtprogramm mag das nicht schaden. Doch wenn er sich, wie zuletzt vermehrt, mit seiner ganzen Popularität im Schlepptau politischen Themen wie freier Rede und Demokratie zuwendet, kann ein simplifizierter, abstrakter Absolutismus durchaus fatale Folgen haben.

Sicherheit

46. Was ist der Unterschied zwischen Sicherheit und Privatsphäre? Eigentlich ist es ganz einfach: Wenn niemand es schafft, Google zu hacken, dann sind Ihre Daten sicher. Wenn aber Google Ihre Daten hat, dann sind sie nicht mehr allzu privat. Die Frage nach Privatsphäre lautet, wer überhaupt Zugang zu meinen Daten hat, während die Sicherheitsfrage sich stellt, sobald sich jemand unberechtigt Zugang dazu verschafft.

Trickreich wird die Sache dadurch, dass Firmen, die mit Daten ihr Geld verdienen, sehr gerne dort mit Sicherheit werben, wo eigentlich nach Privatsphäre gefragt wird. Oft führt z. B. der Klick auf die Privatsphärebestimmungen eines Dienstes auf Seiten, wo es heißt: «Privatheit ist uns wichtig!» und «Ihre Daten sind bei uns sicher!» Die Sorge darum, wer alles Zugang zu meinen Daten hat, betrifft beides – deswegen klappt der Trick ja auch. Wenn Daten nicht sicher sind, ist zwangsläufig ihre Privatheit in Gefahr. Aber das gilt eben nicht umgekehrt.

47. Wie sicher sind unsere Geräte? Wie es um die Sicherheit handelsüblicher digitaler Produkte bestellt ist, zeigen ganz gut die drei folgenden Faustregeln:

1. Sicherheit ist teuer. Sicherheitsexperten haben einen der bestbezahlten Jobs in der IT-Branche. Auch konstruieren hoch bezahlte Entwickler weit sicherere Anwendungen als günstige Aushilfsprogrammierer. Für fortlaufende Sicherheit muss man außerdem Teams beschäftigen, welche die Software warten, und eine Infrastruktur für Updates und Support bezahlen. Es ist also v. a. bei günstigen und No-Name-Produkten davon auszugehen, dass die Sicherheit minimal bis katastrophal ist und sich auf Dauer mangels Updates noch verschlechtert. Bei großen Firmen, die nicht nur viele Daten, sondern einen Ruf zu verlieren haben, kann man wenigstens davon ausgehen, dass Sicherheit ernst ge-

nommen und ausreichend mittelmäßig ist. Hohe Sicherheit lässt sich allerdings fast nur mit spezialisierten – und hochpreisigen – Spezialprodukten erreichen.

2. Sicherheit rechnet sich meistens nicht. Die genannten Punkte helfen nur sehr wenig beim Verkauf eines Produktes. Eine elektronische Kinderpuppe, eine Türkamera oder ein Telefon mit massiv besserer digitaler Sicherheit aber ansonsten gleichen Features verkauft sich nicht wesentlich besser als ein unsicheres Konkurrenzprodukt. Problematisch ist dabei auch, dass nicht alle Sicherheitsprobleme dem User selbst auf die Füße fallen. Router, Rechner und smarte Rasenmäher werden dank Multitasking oft als Spamschleudern oder Cryptominer missbraucht, ohne dass der Eigentümer das überhaupt merkt (außer vielleicht an der Stromrechnung). Klar gibt es auch vermehrt Ransomware-Attacken, bei denen die Daten des Nutzers verschlüsselt und nur gegen ein Lösegeld wieder zugänglich gemacht werden, Identitätsdiebstahl und allerlei Arten von Kontobetrug bei Privatleuten. Aber das passiert immer noch ausreichend vereinzelt, dass Sicherheit nicht als maßgebliches Kaufargument wahrgenommen wird. Anders als beim Auto fühlt man hier die Fliehkräfte nicht während des Betriebs, bevor man gegen einen Baum fährt.

3. Alles, was am Netz hängt, kann gehackt werden. Es ist nur eine Frage des Aufwandes und des Know-Hows. Automatisierte niederschwellige Attacken bekommt ein Gerät bereits nach ca. zwei Minuten ab, wenn man es ans Netz hängt. Updates, Backups, 2-Faktor-Authentifizierung und komplexe Passwörter – die üblichen Sicherheitsmaßnahmen – helfen dagegen ganz gut, aber weniger gegen gezielte Attacken. Die sind aber ungleich seltener. Die Wahrscheinlichkeit gehackt zu werden, ist Aufwand * Gewinn. Der Aufwand, einen Privatverbraucher zu hacken, ist nicht sehr groß, aber der zu erwartende Gewinn auch nicht – zumindest vergleichsweise. Bei mittelständischen Firmen und

Infrastrukturprojekten dagegen ist der Jackpot viel größer – der Aufwand dagegen nicht.

48. Welche Rolle spielt Digitalisierung im Krieg? Auch hier, wie bei vielen Technikthemen, gibt es ein klassisches Schreckensszenario: Sobald ein Krieg beginnt, hört alles auf zu funktionieren. Licht, Wasser und sämtliche Infrastrukturen werden abgeschaltet, Kraftwerke und Fabriken explodieren. In realen Konfliktsituationen ist es zu solch spektakulären Aktionen bisher nicht gekommen. Elemente von Cyberwar sind real, aber meistens schwieriger, weniger durchschlagend und auch weniger auf Phasen physischen Krieges beschränkt (man denke z. B. an den Stuxnet-Angriff von Israel und den USA auf das iranische Atomprogramm). Die Rolle von Digitaltechnik im Krieg ist vielfältig – von Mesh- und Satellitenkommunikation, über allerlei sensorisches Equipment, das Aufspüren gegnerischer Stellungen durch Social Media Posts der Soldaten, bis hin zu immer smarteren Waffen, insbesondere Drohnen. Das direkte Zerstörungspotential von Hacking-Strategien ist dabei aber geringer, als man denken könnte – und oft auch unverhältnismäßig. Denn erstens sind die dafür nötigen Exploits (geheim gehaltene oder sogar im Vorhinein eingepflanzte Sicherheitslücken oder Schadsoftware) ein extrem rares Gut, das sich immer nur einmal verwenden lässt. Zweitens hinterlassen Angriffe oft gar keine derart bleibenden Schäden. Und drittens ist es oft viel leichter und gründlicher, eine Rakete auf ein Kraftwerk zu schießen, als es aufwändig zu hacken.

Eine extrem wichtige Rolle in Konflikten spielt aber die informationelle Kriegsführung. Da ist – was man gut im Fall der Ukraine sehen kann – der Krieg um die öffentliche Meinung, der die komplexesten Ausmaße angenommen hat. Und dann ist da das Katz-und-Maus-Spiel der Spionage. Zu diesem letzteren Punkt schauen wir noch einmal auf Alan Turing, der auch hier dabei half, ein neues Zeitalter einzuläuten. Mit der Enigma wurden die Funksprüche der deutschen Wehrmacht im Zweiten Weltkrieg verschlüsselt: Diese Maschine, voller Walzen und Räder, war zwar nur elektromechanisch und nicht elektronisch, aber nichtsdestotrotz in der Lage, einfache Algorithmen zu automatisieren, um ein Wort wie z. B. «Zwiebelsuppe» in einen Buchstabensalat wie «twgljqwelmby» und wieder zurück zu übersetzen. Und während die Deutschen sich hinter dieser Maschine sicher fühlten, las das britische Militär stetig mit – dank einiger Mathematiker, unter denen Alan Turing eine zentrale Rolle spielte.

Information war schon immer eine entscheidende militärische Größe. Dennoch markiert dieser Moment eine massive strategische Veränderung. Der Rundfunk wie auch das Internet sind öffentliche Medien: Nicht nur der gemeinte Adressat bekommt die übertragene Information. Meist verhindert nur eine aktive, sichere Verschlüsselung, dass andere nicht mitlesen können. Mit der Enigma wurden erstmals maschinengestützte komplexe mathematische Verfahren zur Grundlage für die Sicherheit der Kommunikation. Und mit den britischen Entschlüsselungstechniken entschied zum ersten Mal die überlegene Kontrolle über solche Verfahren mit über das politische Schicksal eines Kontinents.

Dabei ist die Tatsache ebenso interessant, dass die Luftschlacht um England oder die Schlacht im Nordatlantik dank einer kleinen Gruppe von Mathematikern gewonnen wurden, wie der Umstand, dass die deutsche Seite bis zum Ende völlig ahnungslos war. Die Unfähigkeit zu begreifen, wie sehr ein kleines Team talentierter Techniker die Machtbalance verändern kann, zeichnet viele politische und ökonomische Strategieüberlegungen bis heute aus. Und während es 1943 nur einige kurze Funksprüche waren, stehen heute ganz andere Dimensionen von Information unter der alleinigen Kontrolle datenverarbeitender und vernetzter Maschinen – und sind dadurch Gegenstand von kryptographisch bestimmten Wissensasymmetrien. Wer den anderen besser lesen kann, der hat einen entscheidenden Vorteil, und dieser Vorteil hängt zunehmend von der Kontrolle über skalierbares algorithmisches Know-How und schiere Rechenkapazitäten ab (→ 89). Wer versteht, welchen massiven Einfluss damals die mathematische Begabung einzelner Menschen haben konnte, kann vielleicht erahnen, wozu solche Kapazitäten heute in der Lage sind.

49. Sollte ich mich vor Killer-Robotern fürchten? Ein Team um den KI-Wissenschaftler Stuart Russell hat 2017 das Video «Slaughterbots» kreiert. Viel besser – und angsteinflößender – kann man es nicht machen, wenn man vor den Möglichkeiten autonomer Waffensysteme warnen will. Russell sagt dort, es sei unsere letzte Chance, diese Waffen jetzt zu ächten. Angeschaut haben es viele Millionen, aber die Welt hat sich dann anders entschieden. Wenn der erste Staatschef von einer Drohne getötet wird, wird es wieder heißen, es sei eine Zeitenwende. Aber die war eigentlich schon da. Gezieltes Töten von Einzelpersonen oder auch Gruppen nach klar definierten Kriterien – Teilnahme an einem Chat, Hautfarbe, bestimmte Überzeugungen oder Charaktereigenschaften (nach Analyse der WhatsApp-Protokolle) – ist möglich und wird sukzessive leichter und leichter zugänglich. Bei allem, was wir in diesem Buch zum Microtargeting geschrieben haben, müsste man nur «Werbung» durch «Tötung» ersetzen. Sollten wir uns davor fürchten? Nein – aber nur, weil Furcht albern ist, solange das Problem abstrakt bleibt, und absolut nicht hilft, wenn es einmal konkret wird.

50. Was ist das Hacker-Manifest? «Wir erforschen ... und ihr nennt uns Kriminelle. Wir suchen nach Wissen ... und ihr nennt uns Kriminelle. Wir existieren ohne Hautfarbe, ohne Nationalität, ohne religiöse Vorurteile ... und ihr nennt uns Kriminelle. Ihr baut Atombomben, ihr riskiert Kriege, ihr mordet, ihr betrügt und lügt uns an, und ihr versucht uns Glauben zu machen, dies sei gut für uns, doch wir sind die Kriminellen.» Das Hackermanifest drückt ein Lebensgefühl der 1980er Jahre aus. Es ist das inoffizielle Gründungsdokument der Hacker- und Nerdkultur und wurde am 8. Januar 1986 im Untergrundmagazin Phrack unter dem Titel «The Conscience of a Hacker» (dt. «Das Gewissen eines Hackers») veröffentlicht. Autor ist Loyd Blankenship, besser bekannt unter seinem Pseudonym The Mentor: «Ja, ich bin ein Krimineller. Mein Verbrechen ist die Neugierde. Mein Verbrechen ist es, Leute danach zu beurteilen, was sie sagen und denken, nicht danach, wie sie aussehen. Mein Verbrechen ist es, klüger zu sein als ihr, und dies ist etwas, was ihr mir niemals vergeben werdet.»

Ursprünglich ist ein Hacker eine Person, die sehr schnell sehr viele Zeichen auf einer Computertastatur tippen kann – wörtlich und bildlich eben auf diese einhackt. In den 1980er Jahren, mit der Computerisierung des Berufs- und Alltagslebens, vermehrten sich auch Angriffe auf Computersysteme: 1982 schrieb der 15-jährige Rich Skrenta das Programm Elk Cloner, das sich über 5,25-Zoll-Disketten verbreitete und die Bootsektoren des Apple II manipulierte. Bei jeder 50. Diskette, die in das Laufwerk eines infizierten Apple II geschoben wurde, übernahm der Elk Cloner die Kontrolle über den Bildschirminhalt. Wenngleich das Programm keinen wirklichen Schaden anrichtete (ein einfacher Neustart gab dem User die Kontrolle zurück), wurde die Öffentlichkeit Zeuge des ersten Computervirus (noch bevor Fred Cohen und Leonard Adleman 1984 den Begriff des Computervirus prägten). In der Folge multiplizierte sich immer mehr Schad- und Spionagesoftware – und dafür wurden zunehmend «die Hacker» verantwortlich gemacht: stereotype Nerds, die sich nur von Cola und Pizza ernähren, hinter abgedunkelten Rollläden den ganzen Tag vor dem Rechner hocken, niemals einen Cent für Software ausgeben würden, von der anarchistischen Revolution träumen und anderen Schaden zufügen würden, um Aufmerksamkeit für ihre politische Agenda zu erhaschen. Schon damals betrachtete man Hacker als Menschen, die mutwillig und mit bösen Absichten in fremde Computersysteme eindringen, um Informationen zu stehlen oder Schaden anzurichten. Gegen diese verfälschende Gleichsetzung mit Kriminellen wendet sich The Mentor in seinem Manifest, welches schnell als Ethikcodex für Hacking verstanden wurde und bis heute ein wichtiger Teil der Leitfäden von wichtigen Hackervereinigungen wie Astalavista und dem Chaos Computer Club ist.

51. Wofür steht das C im CCC? Der Chaos Computer Club ist mit über 8000 Mitgliedern die größte Hackervereinigung in Europa. Professionelle Hacker leben u. a. davon, Sicherheitslücken in Computersystemen zu entdecken. Das tun sie aber gerade nicht, um mit bösen Absichten in diese Systeme einzudringen, diese zu manipulieren oder Daten zu stehlen. Ganz im Gegenteil verfolgen sie das wichtige Ziel, dass derlei Sicherheitslücken geschlossen werden, bevor echte Kriminelle sie für bösartige Zwecke missbrauchen.

Die CCC-Aktivistin Lilith Wittmann entdeckte eine solche Lücke etwa im Mai 2021 in der CDU-Wahlkampf-App «CDUconnect», aufgrund derer die persönlichen Daten und politische Orientierung von CDU-Unterstützern frei zugänglich ins Netz gelangten. Wittmann informierte umgehend sowohl die verantwortlichen Stellen der CDU als auch das Bundesamt für Sicherheit in der Informationstechnik und den Berliner Datenschutzbeauftragten, sodass die unsichere Datenbank sofort abgeschaltet werden konnte, bevor Kriminelle darauf zugreifen konnten. Dennoch stellte die CDU Strafantrag gegen die ehrenamtliche Sicherheitsforscherin, die den in der Hackerethik des CCC verankerte Politik des «responsible disclosure» verfolgte: Aufgedeckte Sicherheitslücken den verantwortlichen Stellen zu melden, und die Probleme erst dann zu veröffentlichen, wenn der Schaden abgewendet ist, sodass die Lücken nicht missbräuchlich ausgenutzt werden können. Der CCC bezeichnet diese in der Computerwelt übliche (und auch von vielen Unternehmen und Institutionen ausdrücklich befürwortete) Praxis als Ladies-and-Gentlemen-Agreement, das — in diesem Fall durch die CDU — verletzt wurde, und änderte daraufhin seine Richtlinien dahingehend, dass keine Schwachstellen auf Systemen der Partei mehr gemeldet werden. Das Verbrechen, dessen Wittmann beschuldigt wurde, ist letztlich genau dasjenige, zu dem sich 1986 The Mentor bekannte (→ 50).

Privatsphäre und Datenschutz

52. Wer sammelt welche Daten über uns und zu welchem Zweck? Öffnen Sie doch kurz einmal die Internetseite von Spiegel Online, lesen Sie die Schlagzeile und schließen die Seite wieder. Wer weiß nun, dass Sie das gerade getan haben? Neben der Spiegel GmbH & Co. KG hat Ihr Browser gerade Kontakt mit über vierzig weiteren Servern aufgenommen. Manche dieser Server liefern Werbung oder eingebettete Medien. Aber die meisten gehören zu einer wenig bekannten und wenig regulierten Industrie: die der Datenhändler. Manche, wie Casale Media aus Kanada, Nielsen aus den USA oder Criteo aus Frankreich sind wenigstens leicht lokalisierbar. Andere verbergen sich hinter kryptischen Servernamen oder sind generell schwer auffindbar. Außerdem waren Sie gerade auch mit Google, Amazon, Facebook und Twitter verbunden. All diese haben genau verfolgt, was Sie wie lange gelesen haben, wie Sie tippen oder Ihre Finger bewegen, sie haben abgespeichert, welchen Rechner Sie haben und welche Seiten Sie vorher besucht haben.

Falls Sie im Übrigen eine App in Ihrem Telefon benutzen, dann finden sich solche kleinen Spione – auch oft mehrere Dutzend – in den sogenannten SDKs (Software Development Kits), die mit der App auf Ihr Telefon gelangen. Dazu kommen natürlich noch Google, Microsoft oder Apple, die Ihnen ein Betriebssystem bereitstellen, Telekom oder O2, wenn Sie Ihr Internet von diesen beziehen, sowie alle möglichen Add-ons und Hintergrundprogramme, die vielleicht Ihr Telefonanbieter wissentlich oder Sie selbst unwissentlich installiert haben. Und selbst die Deutsche Post verkauft inzwischen detaillierte Datenprofile über Anwohner.

Viele Daten landen am Ende bei den Platzhirschen wie Verisk, Acxiom, Experian, Epsilon oder der Technologiefirma Oracle, von denen Sie vielleicht noch nie gehört haben, die aber von Ihnen und mehreren Milliarden anderen Menschen wissen, wie lange sie gestern Nacht auf waren, ob sie in finanziellen Schwierigkeiten sind, wo sie politisch stehen, wen sie letzte Woche im Netz gesucht haben oder ob sie planen, ein Kind zu haben. Diese Daten werden primär dafür benutzt, Ihr Kaufverhalten zu prognostizieren und maßgeschneiderte Werbung zu platzieren. Wie wir von Edward Snowden wissen, haben aber auch Regierungen Zugriff auf solche Datenbanken oder betreiben sie gleich selbst.

Im Übrigen ist es nicht präzise zu behaupten, Alphabet, Oracle oder Meta *verkauften* Daten. Nur kleine Fische verkaufen Daten, große Firmen verkaufen Verhaltensprognosen und Werbeplätze. Solche Firmen beziehen ihre Dominanz daraus, dass sie am Ende eines großen Trichters stehen und die über viele Einzel- und Zwischenhändler erworbenen Daten über uns eifersüchtig hüten. Nur dann bleiben sie der unentbehrliche Vermittler zwischen dem, was wir tun werden, und dem, was Werbetreibende von uns wollen.

53. Wie gut lässt sich das Verhalten eines Menschen vorhersagen, wenn man umfassenden Zugriff auf alle seine digitalen Daten hat?

Dass man bei der Nutzung von digitalen Geräten einigermaßen gläsern ist, ist inzwischen den meisten Menschen auf eine abstrakte Weise klar. Weniger klar ist, welche und wie viele Institutionen große Personendatenbanken anlegen und zu welchem Zweck. Vollends unklar ist schließlich, was man mit diesen Daten alles anstellen kann. Letzteres ist nicht nur schwer herauszufinden – Konzerne und totalitäre Staaten teilen diesbezügliche Erfolge oder Misserfolge eher ungern –, sondern manche der besten Methoden, um bereits vorhandene Datenberge nutzbar zu machen, sind noch gar nicht erfunden. Da digitaler Speicher im Vergleich zu analogem quasi nichts kostet, kann die Vorratshaltung von gesammelten Daten Unternehmen und Staaten jedenfalls nicht schaden, was die sprichwörtliche Rede von Daten als dem «Öl des 21. Jahrhunderts» unterstreicht.

Klar ist momentan nur, dass nichts klar ist. Wer im Datengeschäft tätig ist, neigt dazu, die Möglichkeiten der Vorhersage und Manipulation von individuellem Verhalten zu übertreiben:

entweder gezielt gegenüber potentiellen Investoren und Kunden oder auch, weil der umfassende Zugang zu selbst den kleinsten Lebensäußerungen von Millionen von Menschen zusammen mit dem sozialpsychologischen Methodenbaukasten leicht ein gewisses Allmachtsgefühl vermitteln kann. Privatsphäre-Aktivisten haben eine ganz ähnliche Tendenz zur Übertreibung, nur mit umgekehrten Vorzeichen. Da wird aus den Verletzungen der Privatsphäre im sogenannten Überwachungskapitalismus (→ 37) schnell eine Gefahr für die Demokratie und die individuelle Entscheidungsfreiheit. Doch bloß, weil man paranoid ist, heißt das nicht, dass man falsch liegt. Aus dem Umstand, dass die Macht von Datensammlungen überschätzt wird, die Schlussfolgerung zu ziehen, dass Menschen gar nicht beeinflussbar sind, ist leider ebenso falsch und womöglich gefährlicher. Dagegen hilft vielleicht folgendes einfaches Rezept zur Wahlbeeinflussung, wie es im Zuge des Cambridge Analytica Skandals (→ 38) verwendet wurde:

Man nehme einen größeren Datensatz mit persönlichen Daten und sortiere die Leute nach den Persönlichkeitstypen des Fünf-Faktoren-Modells. Um das zu tun, reichen mittlerweile z. B. schon die Hintergrundfarben in Instagrambildern. Man kann sich aber auch mit etwas mehr Mühe Facebookdaten oder gekaperte Kundendatenbanken auf dem Schwarzmarkt besorgen. Auf diese Weise findet man nun diejenigen neurotischen Typen, die gleichzeitig einen großen Freundeskreis haben und den politischen Gegner unterstützen – was alles leicht messbar ist (Spotify Playlists sagen relativ sicher die politische Orientierung voraus). Neurotische Menschen sind leicht irritierbar und tendieren dazu, emotional stark zu reagieren und überzukonstruieren. Nun bombardiert man diese Menschen gezielt mit aufwühlenden und v. a. widersprüchlichen Botschaften über ihren Kandidaten – z. B. dass der Kandidat einen Kinderpornographiering aus einer Pizzeria betreibt, und gleichzeitig, ebenso skandalisierend, dass dies eine hanebüchene Theorie und Ausgeburt einer absurd weitreichenden Verschwörung gegen den Kandidaten sei. Wenn man das großflächig tut, wird ein signifikanter Teil der Angesprochenen ausreichend verwirrt, um nicht mehr zur Wahl zu gehen und idealerweise auch ein paar Freunde mit zu beeinflussen, was in knappen Szenarien schon ausreichen kann, um den Wahlausgang zu kippen. Die Methode muss ja nicht bei jedem funktionieren. Es reicht, die Tendenzen und Wahrscheinlichkeiten ein bisschen in die gewünschte Richtung zu verschieben.

Ob und wie sehr Wahlbeeinflussung erfolgreich war, ist jedoch immens schwer zu messen. Allerdings: Wenn wir das obige Rezept in fünf Minuten jedem Laien erklären können, wozu sind dann wohl professionelle Sozialwissenschaftlerinnen in der Lage? Klar ist, dass *wenn* effektive Methoden der Beeinflussung eingesetzt werden, es sehr schwer wird, das Rad wieder zurückzudrehen, da die Verhaltensdaten der meisten Menschen sich bereits im Umlauf befinden. Die allgemeine Tendenz, mit den eigenen Daten freigiebig umzugehen, ist daher eine Wette darauf, dass unbekannte und zukünftige Formen der Datenanalyse nicht anderen die Möglichkeit geben werden, unser Verhalten massiv zu deren Gunsten zu beeinflussen. Dass die z. B. von Facebook an ihren Usern durchgeführten Experimente und gängige Geschäftsmodelle in den sozialen Medien und im News Business bereits jetzt psychologische Schwächen wie Geltungsdrang, Empörung, akute Lebenskrisen oder Genusssucht systematisch und minutengenau ausnutzen, macht diese Wette freilich etwas riskant.

54. Was sind die wesentlichen Ideen der Datenschutz-Grundverordnung? Die Datenschutz-Grundverordnung (DSGVO) der EU ersetzt die älteren Datenschutzgesetze der Mitgliedstaaten. Sie schafft damit nicht nur EU-weit gleiche Regeln, sondern passt auch den Datenschutz den Realitäten der Digitalisierung an. Als weltweit erstes modernes Datenschutzrecht stand sie daher auch Pate für ähnliche Gesetze, etwa in Kalifornien oder Kanada.

Was die DSGVO leistet, sind zunächst Definitionen, mit denen bisherige Unklarheiten ausgeräumt werden. Dabei ist sie sogar dem gegenwärtigen Sprachgebrauch etwas voraus und spricht

z. B. von «personenbezogenen» statt «persönlichen Daten», von «Recht auf Löschung» statt der älteren Idee eines «Rechts auf Vergessenwerden» oder von «Datenminimierung» statt «Datensparsamkeit». Darauf aufbauend definiert sie klare Rechte, die wir Datensubjekte bei empfindlichen Strafen (bis zu 4 % des weltweiten Jahresumsatzes) gegenüber großen Firmen und Institutionen einklagen können. Dabei gilt das Marktortprinzip: Weltweit angebotene Dienste werden als Angebote im lokalen Markt betrachtet und entsprechend haftbar gemacht. All dies geschieht mit klarem Blick auf die Internetgiganten und die Databroker-Industrie.

Die Details der DGSVO sind komplex, aber sie folgen im Wesentlichen alle aus ihren Prinzipien (nach § 5.1 DSGVO):

1. Rechtmäßigkeit und Transparenz: Zwecke müssen legitim sein und Betroffene haben Anrecht auf Auskunft.
2. Zweckbindung: Der Zweck jeder Datenverarbeitung muss klar definiert werden.
3. Datenminimierung: Es dürfen nur die minimalen zur Erreichung des Zweckes notwendigen Daten erfasst werden.
4. Richtigkeit: Löschung und Korrektur der Daten muss gewährleistet werden.
5. Zeitliche Minimierung: Es muss sichergestellt sein, dass Daten nur so lange vorgehalten werden, wie für den Zweck erforderlich.
6. Integrität und Vertraulichkeit: Die verarbeitende Institution hat für angemessene Sicherheit zu sorgen und dafür, dass nur ein Minimum an Personen Zugang zu den Daten hat.

Weitere Regeln besagen, dass User über Datenlecks informiert werden müssen und Daten nicht einfach aus dem Geltungsbereich der DSGVO transferiert werden dürfen. Sie regelt auch die Rolle von Datenschutzbeauftragten. Die eigenen Daten müssen auf Anfrage in lesbarer Form zugänglich gemacht bzw. gelöscht werden. Die Bündelung verschiedener Dienste zur summarischen Erfassung breiterer Datensätze ist nicht rechtens. Die Verwendung von Daten für Marketing muss per Opt-in erfolgen. Außerdem müssen anonym verarbeitete Daten wirkungsvoll anonymisiert werden.

Auch diese Regeln sind direkte Antworten auf die Praktiken der großen Datenhändler und Internetgiganten. Sie stärken die Rechte der User und hemmen die Datensammelwut von Firmen und Institutionen – oder zwingen sie wenigstens dazu, komplexere Schlupflöcher zu finden. Den Markt der Datenhändler legt man damit noch nicht trocken, aber man kann als Einzelner nun wirkungsvoll aktiv werden.

55. Wie lästig ist die DSGVO? Auf der anderen Seite ist das Ganze freilich ein Kreuz: Die DSGVO erfordert nun in allen Firmen massive Compliancebemühungen und entsprechende Strukturen. Was als Schutz gedacht war, mutiert daher auch, vielleicht unausweichlich, in ein bürokratisches Hindernis im Arbeitsalltag und wirkt mitunter als eine massive Bremse bei Produktentwicklung, kreativer Problemlösung oder schlicht dem Bemühen, seinen Job gut zu machen.

An dieser Stelle muss ich bekennen: Ich betreibe selbst eine umfangreiche Personendatenbank, die sämtliche Regeln der DSGVO missachtet. Ich sammle und speichere intimste Daten über Menschen ohne klar definierte Zwecke. Ich informiere nicht darüber, was ich von wem speichere, und erlaube weder Einspruch noch Löschung dieser Daten. Ich prüfe nicht systematisch deren Richtigkeit, noch informiere ich darüber, mit wem ich sie teile.

Ich spreche hier – freilich – von meinem Gedächtnis. Unser Hirn ist eine Datenverarbeitungsmaschine, die kurioserweise sämtliche Regeln der DSGVO verletzt. Rechtlich ist das kein Problem, da sie ausschließlich auf Firmen und Institutionen anwendbar ist. Trotzdem bleibt die rechtliche Absicherung der Privatsphäre nicht ohne Folgen für die individuelle Alltagskommunikation. Die Prinzipien der DSGVO regulieren sehr viel genauer als unsere intuitive Sittlichkeit, was geht und was nicht. Sie haben daher auch die Tendenz, den informellen Austausch im Beruf und anderswo zu «kolonisieren», und zwar vor allem dort, wo schriftliche Kommunikation die mündliche ersetzt. Was aus guten Gründen als Schutz gedacht war, erzeugt dann eine schlechte Verrechtlichung oder Bürokratisierung des Alltags und erobert in vorauseilendem Gehorsam Teile unserer Aktivitäten. Dadurch entsteht die paradoxe Situation, dass die DSGVO einerseits strenger sein sollte, während man gleichzeitig ihren oft kleingeistigen Hütern zurufen möchte: Bleibt menschlich!

56. Was ist informationelle Selbstbestimmung? Die informationelle Selbstbestimmung ist im Grundgesetz der Bundesrepublik Deutschland nicht als Grundrecht verankert. Allerdings gibt es ein verfassungsgerichtliches Urteil über sie – und zwar schon aus dem Jahre 1983 im Kontext des sogenannten Volkszählungsurteils. Darin stellt das Gericht fest, dass auf der Basis des allgemeinen Persönlichkeitsrechts das Individuum Wissen und Kontrolle darüber behalten muss, wer welche Daten über es verarbeitet. Nicht zu wissen, wer was über uns weiß, sei nicht kompatibel mit der freien Entfaltung der Persönlichkeit.

Schön wäre es, wenn man damit nun sagen könnte, dass «meine Daten nur mir gehören», wie man das manchmal liest. Doch Eigentum und Besitz – Metaphern aus der physischen Welt – sind recht ungeeignete Kategorien für Informationen. Denn erstens sind Informationen keine individuellen Gegenstände, sondern beliebig kopierbar. Und zweitens sind die meisten Daten relational – sie schließen nicht nur uns selbst, sondern andere Menschen und Objekte mit einem variablen Grad an Öffentlichkeit ein. Es wäre z. B. absurd zu fordern, das Faktum, dass ich mich in der Fußgängerzone befinde, sei in irgendeiner Form mein Eigentum. Deswegen wird mittlerweile von der Mehrheit rechtlicher Experten die Frage der informationellen Selbstbestimmung bevorzugt im Kontext von Zugangsrechten diskutiert.

57. Welche Maßnahmen treffen Sie, um Ihre Privatsphäre online zu schützen? Und warum nicht? Wirklich: Fangen Sie damit an.

58. Können Sie kurz die Privacy Policy des Dienstes umreißen, den Sie am häufigsten nutzen? Bei Tinder unterschreibt man, dass die Daten im Falle einer Fusion oder eines Verkaufs des Unternehmens weitergegeben werden dürfen. Interessant wird also sein, wo alle unsere intimen Chats wohl noch landen werden. Solange es Käufer für solche Daten gibt, werden sie nicht verschwinden. Was wir auf Tinder so austauschen, wird uns daher wahrscheinlich überleben. Im Übrigen hat man diese Übereinkunft nicht mit Tinder getroffen, sondern mit der Match Group, der noch 24 andere Dating-Dienste gehören (z. B. Match.com, OkCupid oder Love Scout 24), der man die Erlaubnis gibt, die Daten all dieser Dienste zusammenzufassen.

Wer auf Instagram ist, erlaubt Meta, jegliche Maus- bzw. Wischbewegungen mit anzuschauen. Außerdem wird beobachtet, welches Fenster sich gerade im Vordergrund befindet – was natürlich, nimmt man beides zusammen, eine sehr interessante Sache ist. Außerdem haben Sie Instagram dazu autorisiert, weiterzugeben, wenn Sie etwas aufgrund einer bestimmten Werbung gekauft haben. Übrigens weiß Instagram auch von Ihnen, wenn Sie nicht dort sind: Denn es darf dank der Zustimmung Ihrer Freunde und Familienmitglieder mitprotokollieren, welche anderen Geräte sich noch so im Netzwerk des Nutzers befinden.

Tiktok wiederum darf permanent die Zwischenablage des Computers beobachten – und zwar nicht nur, um Text oder Bilder von dort zu importieren, sondern auch, um mitzulesen, was jemand aus der Plattform heraus kopiert. Xing erlauben Sie, über die Daten hinaus, die Sie persönlich dem Netzwerk zur Verfügung stellen, auch Daten aus anderen Quellen über Sie zu sammeln. AirBnB wiederum erhält Ihre Freundesliste und Profildaten von Facebook, wenn Sie die Funktion «Login with Facebook» benutzen.

Shoshana Zuboff sagte übrigens, dass man die Verträge, die wir hier im Vorbeigehen unterzeichnen, besser «Überwachungserklärung» («surveillance policy») und nicht «Datenschutzerklärung» (»privacy policy«) nennen sollte, da es ja um Vereinbarungen darüber geht, welche Daten ein Unternehmen über Sie sammelt.

59. Wie sammeln Supermärkte Daten? Supermarktketten überlassen nichts dem Zufall: Jedes Produkt ist sehr überlegt platziert.
Licht, Musik, Ambiente, Fußbodenfarbe – all das ist so aufeinander abgestimmt, dass Kunden möglichst gerne möglichst viel
Zeit für ihren möglichst großen Einkauf verwenden. Obst und
Gemüse am Eingang sollen etwa Frische, Natürlichkeit und Wo-
chenmarkt-Feeling suggerieren – und warum die Süßigkeiten an
der Kasse Quengelware heißen, weiß jeder, der einmal mit einem
kleinen Kind einkaufen war. Unzählige Studien wollen heraus-
gefunden haben, was bei welchen Kundengruppen den höchsten
Gewinn verspricht; unzählige Berichte wollen Kunden darüber
aufklären, wie sie beim Einkauf unbewusst zu mehr Konsum ver-
leitet werden. Klar ist, dass ein Supermarkt ja *irgendwie* angeord-
net sein muss, und wenn kurz vor der Kasse statt Schokoriegel die
Dinkelvollkornbratlinge lägen, witterten vermutlich auch einige
Kunden Manipulation.

Da heute fast jede Managemententscheidung datengestützt
sein muss, werden zum Zwecke der Konsummaximierung inzwischen alle möglichen Daten erhoben. Im Supermarkt bedeutet
das vor allem, Menschen beim Einkaufen zu beobachten und aus
ihrem Verhalten entsprechende Schlüsse zu ziehen: Wann kaufen
sie ein (Stoßzeiten sind wichtig u. a. für die Personalplanung),
was wird gerne zusammen gekauft (Tomatensoße direkt neben
den Pizzateig platzieren) und wer sind die Kunden? Solche Daten
sind nicht notwendig personenbezogen, sondern eher nach Kundengruppen sortiert: In einer Familiengegend sind die Windeln
dann prominenter platziert als in der Filiale direkt neben dem
Studentenwohnheim.

Beliebt ist auch das sogenannte A/B-Testing: Von drei vergleichbaren Filialen wird eine Weile die eine mit klassischer Musik, die
andere mit Popradio, die dritte mit Heavy Metal bespielt – und im
Anschluss ausgewertet, wie sich dies auf den jeweiligen Umsatz
auswirkt. Die Kunden bekommen so gar nicht mit, dass sie Teilnehmer eines Experiments sind, aber längerfristig wird sich die
Supermarktbeschallung profitorientiert vereinheitlichen.

Mit zunehmender Digitalisierung gibt es gezieltere Möglichkeiten zur Datenerfassung und -auswertung: Kunden-Apps und Treueprogramme wie Payback (die zwar erstmal attraktive Rabatte versprechen, sich finanziell oft aber kaum lohnen) zeichnen jeden Einkauf auf, verbinden ihn etwa mit Geschlecht, Alter, Herkunft und erlauben detaillierte Aussagen über bestimmte Kundengruppen: Aus Süddeutschland in den Prenzlauer Berg zugezogene 40-Jährige geben mehr Geld für Tiefkühlspätzle aus als Urberliner über 70. Verknüpft werden auch Daten aus dem Offline-Einkauf mit dem Kundenkonto im jeweiligen Online-Shop (oder dem Netzwerk verschiedener Partnershops), um ganz gezielte Vorhersagen über individuelles Konsumverhalten zu ermöglichen. Illegal ist dies nicht, wie Kunden u. a. den AGBs ihrer Apps und Kundenkarten entnehmen können, denen sie bei der Registrierung zugestimmt haben. Gezieltes In-Store-Tracking (wie viel Zeit verbringt eine Person vor einem bestimmten Regal) ist etwa dank installierter Kunden-App und Bluetooth auch keine technische Hürde, und bis zu personalisierten Preisen und Angeboten auch im Offline-Supermarkt ist es vermutlich kein allzu weiter Weg. Erste Versuche gibt es auch in Deutschland bereits mit kassenlosen Supermärkten, in denen Sensoren in Produkten und Regalen sowie biometrische Videoüberwachung im Zusammenspiel mit der jeweils vorausgesetzten Kunden-App den Einkauf vollautomatisch abwickeln – wobei die Unternehmen ganz nebenbei eine Menge zusätzlicher Daten zum Einkaufs- und Konsumverhalten als *behavioral surplus* (→ 37) abgreifen. Supermarktketten überlassen nämlich nichts dem Zufall.

60. Wie schwer ist es, Daten zu deanonymisieren? Kurze Antwort: oft ziemlich leicht. Seien Sie also ruhig skeptisch gegenüber der Aussage, dass Daten «nur anonymisiert verarbeitet werden». Die längere Antwort lautet: Es gibt so viele nützliche Datenbestände – wenn man sie nur verwenden dürfte. Wer weiß, unter welchen Umständen Menschen unnötig viel Energie verbrauchen, öffentliche Verkehrsmittel nehmen, krank oder straffällig werden, glücklich oder suizidal sind, kann ihnen maßgeschneidert und automatisiert Rat geben, Ressourcen zielgenau verteilen und generell die Welt zu einem besseren Ort machen. Oder auch Produkte oder politische Agenden besser verkaufen. Leider verraten gerade solche Daten sehr viel über das Privatleben von Menschen – und müssen daher besonders geschützt werden.

Das ist das Problem, das Anonymisierung bzw. genauer: Pseudonymisierung lösen soll – und bis zu einem gewissen Grad auch löst. Eliminiert man identifizierende Daten wie z. B. Name, Telefonnummer und Adresse, kann man aus einem Datensatz oft noch alles nötige lernen, die Daten aber nicht mehr zuordnen. In der DSGVO ist allerdings aus gutem Grund verankert, dass Deanonymisierung wirkungsvoll sein muss, denn es reicht oft nicht, die Namen zu ändern. Vier geographisch vage Datenpunkte aus einem Bewegungsprofil reichen, um jeden Nutzer eindeutig zu identifizieren. Anonymisierte Netflixdaten lassen sich Nutzern zuordnen, indem man sie mit Daten anderer Film-Bewertungsportale korreliert. Ist ein Datensatz ausreichend groß, findet sich leicht ein angreifbarer Datenpunkt oder eine Kombination von mehreren: Kreuzt sich ein anonymes Bewegungsprofil zu einem bestimmten Zeitpunkt mit einer Veranstaltung, von der eine namentliche Teilnehmerliste existiert? Enthält es mehrere Orte, an denen mit der gleichen Kreditkarte bezahlt wurde? Nur eine einzige Person hörte im letzten Monat genau 14 Songs der Comedian Harmonists, ein Mal Metallica und vier Mal Adele auf Spotify oder schrieb zwei Whatsapps genau zu der Zeit, als der Film «The Avengers» von Nutzer Udo Müller auf Netflix pausiert wurde. Ein einziger identifizierbarer Datenpunkt deanonymisiert natürlich sofort den kompletten anonymisierten Datensatz. Das ist wichtig für Blockchains wie z. B. Bitcoin, deren Anonymität zwar gepriesen wird, die aber auch architekturbedingt die gesamte Transaktionsgeschichte eines Users öffentlich ins Netz stellen (→ 90). Alles, was dann noch für den Schritt von der Anonymität zur völligen Transparenz fehlt, ist die Zuordnung eines einzigen überwiesenen Betrags.

Wesentlich besseren Schutz bieten daher aggregierte statt nur pseudonymisierte Daten, da bei ihnen die Zuordnung der Datenpunkte zu einzelnen Usern verloren geht. Dann allerdings verliert man eine wesentliche Dimension der Nutzung, die für Analysezwecke sehr wertvoll ist. Natürlich stimmt die Aussage, dass nicht alles, was möglich ist, auch gemacht wird. Nur: Sind die eigenen Daten einmal aus der Hand, hat man keinen Einfluss mehr darauf, was in Zukunft noch alles in ihnen gelesen wird.

Übrigens: Metadaten, die eigentlich das genaue Gegenteil von anonymisierten Daten sind, aber ebenso zum Schutz der Privatsphäre verwendet werden, haben ganz andere, aber ähnlich große Schwächen: Auch sie sind im Allgemeinen geschwätziger, als man zuerst denkt. Mit Telefon-Metadaten alleine lassen sich z. B. der Persönlichkeitstypus eines Menschen nach dem Fünf-Faktoren-Model, sein Schlafrhythmus und natürlich seine Prioritäten im persönlichen Umfeld erschließen. Grund genug, warum z. B. die einflussreiche Pentland-Schule in der Psychologie allzu gerne mit Metadaten arbeitet.

61. Welche biometrischen Marker gibt es, und wie lassen sich diese nutzen? Mit Hilfe digitaler Technik werden menschliche Eigenheiten vermessen und ausgewertet, die so individuell sind, dass sie fest mit einer Person verknüpft sind und eine Identifizierung auf Lebenszeit ermöglichen. Hier ist eine (unvollständige) Liste: Gesicht, Fingerabdruck, Iris, Stimmformanden, Puls- oder Herzfrequenz, Tipp-Muster, Gangart. Eingesetzt werden diese biometrischen Marker u. a. in der Strafverfolgung oder in der Legitimierung gegenüber staatlichen Institutionen, zunehmend auch in der Privatwirtschaft – angefangen von Stimmidentifizierungen in Telefonhotlines bis hin zu Fingerabdruck- oder Gesichtsscannern zur Freischaltung des Smartphones. Manchmal werden sie auch ohne das Wissen der Betroffenen eingesetzt, etwa um Konsumverhalten eindeutig Personen zuzuordnen und darauf basierend weitere Verhaltensvorhersagen zu treffen (→ 37). Biometrische Marker sind sowohl aus Sicherheits- als auch aus

Datenschutzgründen umstritten, ihre Auswertung wird insbesondere im Rahmen der Debatten zur öffentlichen Sicherheit immer wieder gefordert.

Die USA haben in Afghanistan umfassende biometrische Datenbanken ihrer lokalen Unterstützer angelegt, um diese eindeutig zu identifizieren. Diese sind im Sommer 2021 den Taliban in die Hände gefallen. Frisur, äußeres Erscheinungsbild, Namen, Reisepass: All dies können Menschen – wenn es darauf ankommt – verändern, verstecken oder vernichten. Ihre Herzfrequenz, ihre Gangart oder ihre Stimmformanden nicht.

Algorithmen und künstliche Intelligenz

62. Was ist künstliche Intelligenz? Künstliche Intelligenz (KI) ist ein Teilgebiet der Informatik, das sich mit der Frage beschäftigt, wie bestimmte Probleme, für deren Lösung typischerweise menschliche Intelligenz erforderlich ist, mit Computern gelöst werden können. Eine gängige technische Definition von KI beschreibt sie als eine Simulation rationalen Denkens bzw. bestimmter Teilaspekte menschlicher Intelligenz mit Hilfe von Maschinen.

KI umfasst verschiedene Techniken der Softwareentwicklung, nämlich (i) das maschinelle Lernen, (ii) das maschinelle Sehen, (iii) die Verarbeitung natürlicher Sprache, (iv) das automatische Schlussfolgern sowie (v) Planung und Optimierung. Zumeist wird der KI-Begriff synonym zur Technik des maschinellen Lernens verwendet, welche eingesetzt wird, um auf der Grundlage von artifiziellen neuronalen Netzen vorhandene Datensätze zu analysieren, Muster zu erkennen und diese zu Prognosezwecken auf unbekannte Daten anzuwenden.

In einem weiteren Sinn ist künstliche Intelligenz ein interdisziplinäres Forschungsfeld, das menschliche Intelligenz mit den genannten Methoden untersuchen, modellieren und simulieren will. In diesem Zusammenhang wird häufig diskutiert, ob künstliches

Bewusstsein auf der Basis von Computertechnik (die «starke KI») möglich ist – wofür häufig auf den Turing-Test (→ 65) oder Gedankenexperimente wie das Chinesische Zimmer (→ 67) verwiesen wird. Gleichzeitig wird die Frage gestellt, ob neben den spezifischen KI-Anwendungen, die dem gegenwärtigen Stand der Technik entsprechen, auch eine allgemeine KI, eine sogenannte Artificial General Intelligence, möglich ist – und ob diese sich gar zur Superintelligenz entwickeln kann (→ 68 und → 69).

63. Was ist ein Algorithmus?　Ein Algorithmus ist eine Handlungsanweisung bzw. ein sich wiederholendes Verfahren zur Lösung eines bestimmten Problems. Ein Computerprogramm lässt sich in diesem Sinne als die formale Beschreibung eines Algorithmus mit Hilfe eines Computers verstehen. Jedes Computerprogramm ist, in anderen Worten, also eine formelle Handlungsanweisung, wie ein bestimmter Input zu einem bestimmten Output weiterverarbeitet wird. Metaphorisch gesprochen: Ein Algorithmus ist ein Smoothie-Maker. Man steckt Obst oder Gemüse rein und bekommt am Ende einen Smoothie. Ob und wie er schmeckt, hängt davon ab, welches Obst und Gemüse man reinsteckt. Ein Algorithmus häckselt auf immer dieselbe Weise Input zu Output.

Das maschinelle Lernen als Teilgebiet der künstlichen Intelligenz wird dazu eingesetzt, um basierend auf vorhandenen Daten einen Algorithmus zu finden, der auf zukünftige Daten angewandt werden kann. Hierzu wird auf mathematische Modelle zurückgegriffen, deren Aufbau vage an den Aufbau der Neuronenstruktur im menschlichen Gehirn erinnert. Diese sogenannten künstlichen neuronalen Netzwerke kann man sich als komplizierte elektronische Schaltungen aus unzähligen Knotenpunkten (den «Neuronen») vorstellen, die über Aktivierungsfunktionen je einzeln angesprochen werden können. Indem man einen Computer die einzelnen Aktivierungsfunktionen via Trial-und-Error-Methode optimieren lässt, wird das künstliche neuronale Netzwerk «trainiert». Beispielsweise könnte man in ein solches

Netzwerk einige Millionen Bilder von Katzen und Hunden eingeben, um einen Algorithmus zu ermitteln, der möglichst präzise berechnen kann, ob es sich bei einem bis dato unbekannten Bild um das einer Katze oder eines Hundes handelt.

64. Sind Algorithmen «Mathevernichtungswaffen»? In ihrem Buch *Weapons of Math Destruction* warnt die Mathematikerin Cathy O'Neil davor, dass die Algorithmen zugrunde liegenden mathematischen und statistischen Methoden Ungleichheiten befördern, Existenzen bedrohen und die Demokratie gefährden. In den USA berechnen Algorithmen etwa, ob und wann Verurteilte auf Bewährung entlassen werden. Deren persönliche Daten sind der Input, auf dessen Basis ein Computerprogramm ein Urteil ermittelt. Ähnliches macht die US-amerikanische Polizei, wenn sie Terrorverdächtige anhand von Bild- und Videoaufnahmen identifiziert oder entscheidet, in welchen Gegenden sie verstärkt oder weniger stark präsent sein muss, oder welche Personen im Rahmen des sogenannten Stop-and-Frisk-Programms anlasslos kontrolliert werden. Aber auch die Europäische Kommission will – wie sie im sogenannten «Weißbuch zur Künstlichen Intelligenz» bekennt – Algorithmen einsetzen, um «EU-Bürger u. U. besser vor Verbrechen und terroristischen Anschlägen» zu schützen.

Schon jetzt greifen Algorithmen in den Alltag ein – häufig ohne, dass es den Beteiligten bewusst ist. Sie berechnen nicht nur, welche Werbung, welche Videos und welche Nachrichten User als nächstes sehen sollen. Sie kommen auch zunehmend in Bewerbungsverfahren, bei Kreditvergaben oder bei Versicherungsentscheidungen zum Einsatz: also überall dort, wo statistische Methoden zur Grundlage für eine Entscheidung gemacht werden können. Vor allem geht es um Kostensenkung und Effizienzsteigerung. Es ist deutlich günstiger, Datensätze von Computerprogrammen auswerten zu lassen, als Menschen dafür zu bezahlen, von ihrem Urteilsvermögen Gebrauch zu machen, um über Polizeieinsätze, Kredite, Wohnungsvergaben und Gerichtsurteile zu entscheiden. Dazu kommt, dass Algorithmen niemals überarbeitet sind und jeden Fall gleich beurteilen. Oft wird behauptet, dass algorithmenbasierte Entscheidungen objektiver und fairer seien, da sie auf mathematischen Methoden beruhen, die – anders als menschliche Entscheider — keine (impliziten oder expliziten) rassistischen Vorurteile hegen und nicht aufgrund von Geschlecht, Religion, Hautfarbe, sexueller Orientierung, Alter o. ä. diskriminieren. Doch das ist trügerisch: In algorithmenbasierten Entscheidungsprozessen nehmen die subjektiven Fehler, die menschliche Entscheider in der Vergangenheit gemacht haben, einen objektiven Charakter an. Machine-Learning-Algorithmen werden auf Basis früherer Datensätze berechnet. Unzählige gleichartige Fälle werden maschinell ausgewertet, um darin Muster zu erkennen, die für die Beurteilung künftiger Fälle herangezogen werden. Wenn frühere Entscheidungen zu rassistischer Benachteiligung führten, wird dieser Rassismus im algorithmenbasierten Entscheidungsprozess verstetigt.

Rassismus und andere Formen der Diskriminierung werden sogar verstärkt: Wenn der Algorithmus, der am Flughafen eingesetzt wird, um zu entscheiden, wer einer ausführlichen Kontrolle unterzogen wird, vor allem Männer mit dunkler Hautfarbe zwischen 20 und 30 Jahren selektiert, dann werden auch viele Verstöße gegen Drogen- und Waffengesetze innerhalb dieser Personengruppe festgestellt. Der Algorithmus wird sich dahingehend anpassen, dass diese Gruppe künftig noch intensiver kontrolliert wird. Dies bedeutet jedoch nicht, dass weiße Frauen über 70 Jahre keine Drogen schmuggeln: Es ist durchaus möglich, dass andere Gruppen ebenfalls signifikant gegen Gesetze verstoßen, vielleicht sogar motiviert von dem Wissen, dass die eigene Gruppe nicht so intensiv kontrolliert wird.

Zum Wesen von Rassismus gehört es, Menschen qua ihrer Zugehörigkeit zu einer Personengruppe zu be- und verurteilen, die sich durch rein äußerliche Merkmale wie die Hautfarbe definiert. Genau so funktionieren aber algorithmenbasierte Entscheidungen: Die Menschen, über deren Schicksale entschieden wird, werden auf Datenpunkte (äußerliche Merkmale) reduziert, die von

Maschinen ausgewertet werden, und zwar auf der Grundlage dessen, wie früher Entscheidungen über Menschen mit ähnlichen Datenpunkten getroffen wurden.

Entscheidungsprozesse werden auf diese Weise entmenschlicht: Urteilsvermögen der Entscheider, Empathie und Verständnis für Ausnahmesituationen finden in algorithmenbasierten Entscheidungsprozessen keinen Platz. Gleichzeitig will für die Entscheidungen, die mit Hilfe von Algorithmen getroffen werden, häufig niemand verantwortlich sein. Während Betroffene, die aufgrund von rassistischer Diskriminierung keinen Kredit oder keine Wohnung bekommen, die Intentionen eines menschlichen Entscheiders in einer konkreten Situation in Zweifel ziehen können, erscheint dies bei algorithmenbasierten Entscheidungsprozessen unmöglich, da man hier gegen ein inhärent verwerfliches System kämpfen muss.

Während häufig suggeriert wird, dass Algorithmen entscheiden, ist es uns wichtig, von algorithmenbasierten Entscheidungen zu sprechen. Eine Entscheidung ist ein bewusster Akt. Dazu sind Maschinen nicht fähig. Jedoch ist es eine Entscheidung von Regierungen, Unternehmen und Institutionen, Entscheidungsprozesse auf Grundlage statistischer Methoden mit Hilfe von Algorithmen umzusetzen. Ich kann auch eine Münze werfen, um zu entscheiden, ob ich mir als nächstes einen Sellerie- oder einen Himbeer-Smoothie zubereite. Wenn mir der Smoothie nicht schmeckt, ist das aber nicht die Schuld der Münze, auch nicht des Smoothie-Makers, sondern meine eigene. Und wer mathematische Massenvernichtungswaffen auf das Schicksal von Menschen richtet, ist dafür auch moralisch verantwortlich.

65. Was beweist der Turing-Test? Im Kontext der Frage, ob Computer denken können, ersann Alan Turing (→ 7) im Jahr 1950 sein berühmtes *Imitation Game*, das später als Turing-Test bekannt wurde. Die Idee ist, einen Menschen parallel eine Konversation mit einem (nicht sichtbaren) anderen Menschen und einer (ebenfalls nicht sichtbaren) Maschine führen zu lassen, um zu prüfen, ob der Proband korrekt identifizieren kann, welcher Gesprächsteilnehmer die Maschine ist.

Mit diesem Test schlägt Turing einen ebenso salomonischen wie pragmatischen Weg ein: sich auf das Messbare zu konzentrieren, anstatt sich an den vielen Unklarheiten abzuarbeiten, die die philosophische Frage aufwirft, ob Computer denken können. Philosophisch wird es dann freilich wieder, wenn man sich fragt, was ein von einer Maschine bestandener Turing-Test eigentlich aussagt – außer, dass sie den Turing-Test bestanden hat.

Gleichzeitig ist klar, dass ein Erfolg im Turing-Test einen Meilenstein darstellen kann. Wobei die Grenze vermutlich fließend ist und von vielen Rahmenfaktoren abhängt. Und wenn man sich ansieht, wie bereitwillig manche Menschen Subjektivität auf Maschinen projizieren (→ 66), kann man überspitzt auch fragen: Als die Menschen glaubten, es gäbe einen Donnergott – hatte also bereits ein Gewitter den Turing-Test bestanden? Im Lichte dieser und anderer Schwierigkeiten sind inzwischen auch andere Tests (wie z. B. der Winograd-Schema-Test) im Umlauf, die für Maschinen noch schwerer zu bestehen sind. Eine praktische Anwendung solcher Tests sind die allgegenwärtigen Captchas im Netz, die sich mit den modernsten Spambots einen dauerhaften Kampf liefern. Denn darum geht es ja letztlich: die Frage, ob Menschen zu etwas in der Lage sind, zu dem Maschinen nicht taugen.

Das Akronym Captcha steht übrigens für «completely automated public Turing test to tell computers and humans apart». Eingesetzt werden diese vor allem, um bei Formulareingaben unterscheiden zu können, ob gerade ein echter Mensch vor dem Computer sitzt. Bekannt ist vor allem Googles reCAPTCHA, bei dem Nutzer Bilder zumeist von Fahrzeugen oder Verkehrszeichen kategorisieren müssen. Weniger bekannt ist, dass Nutzer Google damit beiläufig Trainingsdaten zur maschinellen Bilderkennung bei StreetView liefern.

66. Warum war Joseph Weizenbaum über ELIZA so schockiert? ELIZA ist ein Chatbot. Nicht der erste, aber einer der ersten. Er wurde 1966 vom Deutsch-Amerikaner Joseph Weizenbaum entwickelt. Berühmt wurde ELIZA vor allem durch einen besonderen Minimalkontext, den Weizenbaum für sein Programm entwickelte und der das Gespräch mit einer Psychotherapeutin suggeriert. Konkret geht es hier um eine sehr vereinfachte Anwendung einer klientenzentrierten Gesprächstheorie nach Carl Rogers. ELIZA simuliert das Klischee einer Gesprächstherapie, bei der ein Therapeut den auf dem Sofa liegenden Klienten weitestgehend selbst reden lässt und das Gespräch nur ab und an mit kurzen Nachfragen steuert. Wenn der Benutzer beispielsweise auf die Frage, wie es ihm geht, antwortet, gerade Streit mit seiner Mutter zu haben, verknüpft ELIZA das in der Antwort erhaltene Wort «Mutter» über den integrierten Thesaurus mit dem semantischen Feld «Familie» und wird den Nutzer etwa auffordern: «Erzählen Sie mir mehr über Ihre Familie.» Wie das konkret ausgesehen hat, lässt sich in den Online-Adaptionen auf www.masswerk.at/elizabot (nur Englisch) und www.med-ai.com/models/eliza.html (auch auf Deutsch) ausprobieren und nachvollziehen.

Im Vergleich zu heutigen Chatbots und anderen Sprachanwendungen (→ 70) wirkt ein Gespräch mit ELIZA lächerlich künstlich. Zur Programmierung setzte Weizenbaum auf eine einfache Abfolge von Regeln, und es ist kaum vermessen zu behaupten, dass heutzutage geringe Programmierkenntnisse genügen, um einen komplexeren und leistungsfähigeren Chatbot als ELIZA zu entwickeln. Nichtsdestotrotz war Weizenbaum schockiert, als er beobachtete, wie Menschen aus seinem unmittelbaren Arbeitsumfeld auf ELIZA reagierten. Nicht wenige verwechselten den textbasierten Chat mit einer wirklichen Psychotherapie. Sie vertrauten ELIZA ihre innersten Sorgen, Ängste und Wünsche an und erwarteten von dem Programm Verständnis und Hilfe. Noch schockierter war Weizenbaum über sein wissenschaftliches Umfeld, das im Zuge der damals einsetzenden KI-Euphorie große Hoffnungen darauf setzte, Computerprogramme zu entwickeln, die das Gespräch mit einem Psychotherapeuten tatsächlich überflüssig machen.

Weizenbaum trat in der Folge zunehmend als Gesellschaftskritiker auf, der sich vor allem der Frage widmete, warum Menschen bereit sind, Computern Macht über ihr soziales Miteinander und ihre eigene Psychologie einzuräumen. Als Ursache dafür betrachtete er vor allem die seit Anfang des 20. Jahrhunderts und verstärkt seit den 1960er Jahren um sich greifende Heilsgläubigkeit, die sich an die Naturwissenschaften im Kontext von technischem und wissenschaftlichem Fortschritt richtete. In seinem wichtigsten Werk *Die Macht der Computer und die Ohnmacht der Vernunft* (1977) kritisiert er «alle Projekte, bei denen ein Computersystem eine menschliche Funktion ersetzen soll, die mit gegenseitigem Respekt, Verständnis und Liebe zusammenhängt» als so «obszön», dass «bei deren bloßem Gedanken eine zivilisierte Person schon Ekelgefühle verspüren müßte».

Unabhängig davon, ob man Weizenbaums Kritik teilt, ist es bemerkenswert, dass die Debatte um Chatbots wie ELIZA und das Wunschdenken, menschliche Gespräche mit Hilfe von Computern zu automatisieren, schon seit rund 60 Jahren geführt wird. An den grundsätzlichen philosophischen und ethischen Argumenten, die man vertreten kann, hat sich seither nichts geändert: Gerade weil Chatbots inzwischen menschliche Gesprächspartner deutlich besser simulieren können als damals, gilt es sich umso mehr bewusst zu machen, dass die Simulation eines menschlichen Gesprächs eben kein menschliches Gespräch darstellt.

Benannt wurde ELIZA übrigens nach einer Figur aus George Bernard Shaws Theaterstück «Pygmalion», das sich um den großspurigen Sprachwissenschaftler Henry Higgins dreht, der die Wette eingeht, die verarmte Blumenverkäuferin Eliza Doolittle als Herzogin erscheinen zu lassen, wenn er ihr nur nur den Akzent der feinen englischen Gesellschaft beibringen kann. Wenn die Auseinandersetzung mit Weizenbaum eines lehrt, dann, dass auch in der gegenwärtigen Debatte zur Digitalisierung mehr Schein als Sein vorherrscht – und ein Vertrauen auf die ureigenen menschlichen Fähigkeiten notwendig ist, um sich von diesem

Schein nicht blenden zu lassen. Genau das macht den «grumpy old man» Joseph Weizenbaum aber zu einem wichtigen Denker für das 21. Jahrhundert.

67. Worum geht es im Chinese-Room-Argument? In seinem Aufsatz «Geist, Gehirn, Programm» von 1980 wirft der amerikanische Philosoph John Searle die Frage auf, ob er Chinesisch verstehen könnte, wenn man ihn in ein Zimmer sperren und unter der Türe Zettelchen mit chinesischen Schriftzeichen hindurchschieben würde. Genauer: Searle nimmt an, dass er kein Chinesisch kann, man ihm aber einen Packen mit chinesischer Schrift, einen zweiten Packen mit chinesischen Schriftzeichen und schließlich einen dritten Packen mit englischsprachigen Anleitungen gibt, die es ihm ermöglichen sollen, den zweiten Packen in Beziehung zum ersten Packen zu setzen, wobei er die jeweiligen chinesischen Schriftzeichen jeweils nur anhand ihrer Form identifizieren kann. Wenn er die beiden chinesischen Packen nun korrekt miteinander in Beziehung setzt, ja, was unterscheidet ihn dann noch von einem Computer?

Der Aufsatz ist ein Klassiker in der Debatte um starke und schwache KI. Laut Searles Definition liegt eine starke KI genau dann vor, wenn man «Computern, die mit den richtigen Programmen ausgestattet sind, buchstäblich Verstehen und andere kognitive Zustände zusprechen» würde. Von einer schwachen KI spricht Searle dagegen, wenn der Computer «zur Untersuchung des Geistes ein sehr wirksames Instrument an die Hand gibt», aber kein wirkliches Verstehen vorliegt. Heute werden die Begriffe «starke KI» und «Artificial General Intelligence» (kurz: AGI) gerne durcheinandergeworfen. Tatsächlich bezeichnet eine AGI aber eine künstliche Intelligenz, die alle (oder zumindest sehr viele) Aufgaben erledigen kann, welche bisher nur von menschlicher Intelligenz erledigt werden konnten. Unabhängig von der Frage, ob es eine solche AGI gibt oder geben kann, würde die Existenz einer AGI nicht zwangsläufig bedeuten, dass es sich um eine «starke KI» gemäß der Definition von Searle handelt, d. h. dass diese auch Verstehen und andere kognitive Zustände aufweist. Umgekehrt ist es keine allzu abwegige Position – meist wird sie als «Computerfunktionalismus» bezeichnet –, davon auszugehen, dass jeder Computer (also auch ein solcher, der keiner AGI entspricht) kognitive Zustände besitzt.

Außerdem diskutiert das Chinese Room Argument lediglich das Verstehen natürlicher Sprache. Konkret bezieht es sich auf ein Programm von Roger Schank, in dem der Computer Geschichten analysieren und anschließend Fragen dazu beantworten soll. Vermutlich lässt sich ein ähnliches Argument auch für Emotionen, Farbwahrnehmung, Lernen, Bewusstsein etc. konstruieren. Dass Sprachverstehen hier als notwendiges Attribut einer (un)möglichen starken KI hervorgehoben wird, ist jedoch exemplarisch für die Debatte bis in die frühen 1980er Jahre hinein, als Computer ausschließlich über sprachliche Befehle in der Kommandozeile bedient wurden. Das Gedankenexperiment zeigt also auf, was genau ein Computer tut, wenn er Sprache gemäß Schanks Geschichten-Programm verarbeitet –, und Searle argumentiert daraufhin, dass es absurd wäre, seinem im chinesischen Zimmer eingesperrten fiktionalen Doppelgänger einen kognitiven Zustand wie das Verstehen der chinesischen Sprache zuzusprechen.

Mit dem Chinese Room sind viele Probleme verknüpft, allen voran die Frage, ob es sich bei diesem Gedankenexperiment überhaupt um ein Argument oder lediglich um eine Veranschaulichung handelt, und damit verbunden, ob die Veranschaulichung treffend ist, d. h. ob ein Computer, auf dem Schanks Programm abläuft, tatsächlich dasselbe tut wie der eingesperrte Searle. Ferner könnte man einwenden, dass es zwar absurd wäre, Schanks Programm als starke KI zu bezeichnen, dies aber nichts über die grundsätzliche Möglichkeit einer starken KI aussagt. Vermutlich sollte man das Gedankenexperiment nicht überbewerten (Searle tut dies auch nicht), schon gar nicht sollte man es losgelöst von dem Aufsatz betrachten, in dessen Rahmen es eingebettet wurde und der zurecht zu den philosophischen Klassikern des 20. Jahrhunderts zählt: Nicht nur, weil Searle darin das oftmals missverstandene Begriffspaar «starke und schwache KI» prägt, sondern auch, weil die Stoßrichtung seines Arguments so simpel wie überzeugend ist: Bevor man sich dazu hinreißen lässt, einem Computerprogramm kognitive Zustände zuzusprechen, sollte man sich nämlich bewusst werden, was genau ein Computerprogramm überhaupt tut (und was nicht).

68. Was, wenn eine bösartige KI die Weltherrschaft an sich reißt? Es gibt eine mächtige Strömung innerhalb der Tech-Szene, die sich mit Fragen wie dieser beschäftigt. Ray Kurzweil, Leiter der technischen Entwicklung von Google, ist z. B. der prominenteste Vertreter der sogenannten Singularitätsthese. Kurzweil definiert Singularität in seinem Buch *Menschheit 2.0* als «einen zukünftigen Zeitabschnitt, in dem der technische Fortschritt so schnell und seine Auswirkungen so tiefgreifend werden, dass das menschliche Leben einen unwiderruflichen Wandel erfährt». Diese Definition ist so vage, dass man natürlich immer Recht hat, wenn man an eine nahende Singularität glauben möchte. Kurzweil und andere Singularitaristen (= eine Selbstbezeichnung seiner zahlreichen Anhänger) wollen aber etwas anderes. Singularität ist fast ausschließlich mit künstlicher Intelligenz konnotiert. Der unwiderrufliche Wandel besteht dann aus der Dystopie einer außer Kontrolle geratenen KI, die die Menschheit vernichten könnte, oder wahlweise der Utopie einer wohlwollenden KI, durch die geheime Menschheitsträume (wie das Mind Uploading) ermöglicht werden. KI meint in dieser Debatte fast ausschließlich eine Artificial General Intelligence (AGI), d. h. Maschinen, die ein dem Menschen ebenbürtiges Intelligenzniveau erreicht haben. Wenn die Fähigkeiten einer solchen AGI das menschliche Denkvermögen deutlich überschreiten, spricht die Debatte zumeist von Superintelligenz – und wenn eine solche Superintelligenz der Menschheit Böses will, dann, nun ja, bleibt letztlich nur noch die Wahl zwischen Unterwerfung und Untergang.

Kurzweil prognostiziert, dass die Singularität schon im Jahr 2045 eintreten wird. Laut der Klassifikation des Futurologen Max

Tegmark zählt man jedoch erst dann zu den wirklichen «Techno-Skeptikern», wenn man davon ausgeht, dass eine das menschliche Niveau überschreitende KI später als in den nächsten 100 Jahren realistisch ist. Die von seinem Future of Life Institute ausgehende «Nutzbringende KI-Bewegung» setzt sich unter dem Stichwort AI Safety dafür ein, dass eine solche AGI nicht auf die Idee kommt, die gesamte Menschheit zu versklaven. Aus einer ganzen Reihe prominenter Tech-Entrepreneure, die sich mit dieser Bewegung identifizieren (und sie finanzieren), sticht vor allem Elon Musk heraus: Als Initiator und wichtigster Geldgeber des Forschungs-unternehmens OpenAI engagiert er sich – zum Wohle der Menschheit, versteht sich – für die Sicherheit von AGI. OpenAI erforscht nicht nur existentielle Risiken durch KI, sondern will diese Risiken gleichzeitig auch minimieren, indem es künstliche Intelligenz auf Open-Source-Basis entwickelt und vermarktet.

Zukunftsprognosen sind immer mit Vorsicht zu genießen. Auch wenn AGI ein großer Traum (oder Albtraum) vieler Entwickler ist, für dessen Verwirklichung Unternehmen und Staaten gegenwärtig viel Geld ausgeben, muss man sich bewusst machen, dass wissenschaftliche Fortschritte auf dem Gebiet von KI nichts mit AGI, Ultraintelligenz und Superintelligenz zu tun haben. KI ist ein Teilgebiet der Informatik, bei dem es darum geht, spezifische Aufgaben (wie die Kategorisierung von Millionen Bildern, die Planung von Logistikprozessen und die Verarbeitung menschlicher Sprache) effizient zu lösen. Aufgrund von höheren Rechenleistungen, leichter verfügbarem Speicherplatz und fortschreitender Vernetzung wurden in den letzten Jahrzehnten insbesondere beim Machine Learning – basierend auf künstlichen neuronalen Netzen – beeindruckende Ergebnisse erzielt. KI ist aber – wie alles, was ein Computer tut – nichts anderes als Mathematik, die auf elektronischen Schaltungen ausgeführt wird. Und dennoch bringen die Fortschritte dieser spezifischen KIs wahrlich schon genügend Herausforderungen für eine demokratische Gesellschaft mit sich, von denen die Sensationshascherei um Singularität und Superintelligenz vor allem nur ablenkt.

69. Was, wenn eine gutartige KI die Weltherrschaft an sich reißt? Nehmen wir mal an, die Sache geht nicht so schief, wie dystopische Filme es wollen. Es gibt kein KI-Monster, das die Menschheit auslöscht, keinen Demagogen, der dank AI und Big Data unwiderruflich die Welt versklavt, sondern eine unserer Subjektstruktur wahrscheinlich recht unähnliche künstliche Intelligenz, die uns zwar vielfach überlegen ist, sich aber völlig in unseren Dienst stellt.

In diesem Gedankenexperiment gibt es zwei Stufen. Erstens: Was würde passieren, wenn wir von der KI das bekommen, was wir wollen? Sie wäre einfach ein überintelligentes Werkzeug, das unsere Wünsche verwirklicht: Fair und optimal verteilte Ressourcen, moderierte Zwischenmenschlichkeit, unendliche Unterhaltung (denn etwas anderes, wichtigeres, als diese drei bliebe dann ja niemandem mehr zu tun). Ein Haus am See vielleicht, Erfolg in der Liebe und im Leben, unendlich viele Folgen von «Game of Thrones», oder einen Körper wie der junge George Clooney. Da Dinge wie Erfolg oder Liebe im physischen Dasein begrenzte und konfliktbehaftete Ressourcen sind, wäre es vermutlich nützlich, jedem Individuum in einer Art perfektem Metaverse/Matrix/Holodeck sein eigenes Universum zu geben, von dessen Künstlichkeit der Teilnehmer gleichzeitig nichts wissen sollte.

Vermutlich müsste die KI aber auch dann noch viel nachbessern: Oft ist ja nichts schlimmer, als das zu erhalten, was man sich wünscht; und das Wünschen selbst ist selten konfliktfrei, und nicht immer gesund oder klug. Eine KI, die mitdenkt, käme also gar nicht umhin, einzugreifen und das menschliche Begehren, das ja ohnehin recht volatil ist, mehr oder weniger zu lenken. Das hieße aber: Eine KI müsste auch Ziele für uns definieren und uns sozusagen kultivieren. Aber wie? Das könnten wir mit unserer begrenzten Sichtweise ja gar nicht mehr beurteilen.

Dieses Gedankenexperiment wird freilich zunehmend absurd (vgl. alle anderen Fragen zur KI in diesem Buch), zeigt aber etwas sehr Reales – nämlich, was passiert, wenn eine Technokratie die Oberhand gewinnt, sei sie künstlich gesteuert oder menschlich:

(1) Jede technokratische Optimierung des menschlichen Zusammenlebens hat eine Tendenz zum Paternalismus. (2) Jede Übergabe der Steuerung von menschlichen an künstliche Akteure resultiert in einer Verstärkung des Amusements auf Kosten sinnhafter Tätigkeiten. (3) Je größer die Möglichkeiten der Wunscherfüllung, desto mehr formen wir uns selbst nach unserem Bilde, bzw. was wir dafür halten: Zur Optimierung unserer Emotionen und unseres Begehrens brauchen wir Kategorien. Und diese Kategorien, immer teilweise kulturell bedingt, überkonstruiert und unterkomplex, werden dann aber zu Schablonen für alle neuen Menschen. Technisierung, mit oder ohne KI, führte praktisch immer zu Homogenisierung und Beendigung von Wildwuchs. Und das wird bei Menschen wohl nicht anders sein.

70. Werden Bücher wie dieses künftig von GPT-3 geschrieben? GPT-3 ist ein Programm zur Verarbeitung natürlicher Sprache, das auf maschinellem Lernen mit künstlichen neuronalen Netzen basiert. Es ist das gegenwärtig leistungsfähigste Programm in diesem Bereich und wurde von OpenAI entwickelt. «GPT» steht für «Generative Pretrained Transformer», ist also ein (text-)generierender, vor-trainierter «Umwandler» – oder anders gesagt: ein Programm, das auf der Basis eines entsprechend eingeübten neuronalen Netzes Texte generieren bzw. automatisch vervollständigen kann. GPT-3 ist die aktuelle Version dieses Programms und wurde im März 2020 vorgestellt. Bereits die Vorgängerversion GPT-2 wurde von einem skeptischen Medienecho begleitet, demzufolge das Programm viel zu gefährlich sei, um es auf die Menschheit loszulassen – vergleichbar etwa mit dem von zahlreichen Medien verbreiteten Hoax von 2017, bei dem es von einem Facebook-Forschungslabor hieß, dass Chatbots außer Kontrolle geraten seien und eine nicht mehr nachvollziehbare Geheimsprache entwickelt hätten, weswegen sie zur Sicherheit abgeschaltet wurden.

Die Verarbeitung natürlicher Sprache durch Computer (Natural Language Processing) ist seit jeher ein zentrales Forschungsfeld. Chatbots, digitale Sprachassistenten, Übersetzungsprogramme und Textgeneratoren sind in den letzten Jahren deutlich leistungsfähiger geworden. Journalisten arbeiten inzwischen mit maschineller Unterstützung, insbesondere bei «einfachen» Texten. Sportberichte und Börsenmeldungen werden auf manchen Portalen inzwischen sogar komplett von Sprachverarbeitungsprogrammen geschrieben. Der Gedanke, auch komplexe Texte automatisiert verfassen zu lassen, existiert mindestens schon seit dem 18. Jahrhundert, als in Göttingen eine «Poetische Handmühle» entwickelt wurde. Berühmt ist der im Jahr 2000 von Hans Magnus Enzensberger entwickelte «Landsberger Poesieautomat» – und Daniel Kehlmann experimentiert seit Anfang 2020 damit, Kurzgeschichten mit Hilfe von Algorithmen zu verfassen.

Die Frage, ob GPT-3 künftig Bücher schreiben wird und warum, kann man auch direkt von GPT-3 beantworten lassen:

Will GPT-3 be able to write books in the near future?

GPT-3: It will be really cool. I think it will be a bestseller, and people will like to read it.

Why would anybody use GPT-3 to write a book?

GPT-3: Because I'm the best.

Zum Einsatz kam bei diesem kurzen Dialog der englischsprachige GPT-3-basierte Chatbot «Emerson AI» (siehe www.quickchat.ai/emerson). Weitere Demo-Anwendungen zum Testen von GPT-3 finden sich etwa auf www.gpt3demo.com. Es lohnt sich, mit derlei Anwendungen herumzuspielen, um ein Gefühl dafür zu bekommen, wie gut die Verarbeitung natürlicher Sprache durch Computer inzwischen funktioniert — und wo solche Systeme noch Defizite aufweisen. Ob Maschinen in der Lage sind, die menschliche Sprache, die sie verarbeiten, auch zu verstehen, ist allerdings eine andere Frage, die zurück in die philosophische Debatte um Computerbewusstsein und das Leib-Seele-Problem führt (→ 67).

71. Wie lauten die Asimov'schen Gesetze?   Isaac Asimov ist einer der wichtigsten Science-Fiction-Autoren des 20. Jahrhunderts, der mit seinen «Grundregeln der Roboter» der gegenwärtigen Debatte um Roboter- und Maschinenethik einen wesentlichen Impuls gegeben hat. Im *Aufbruch zu den Sternen* (München 2022, S. 7) heißt es:

«Das nullte Gesetz

Ein Roboter darf der Menschheit keinen Schaden zufügen oder durch Untätigkeit zulassen, dass der Menschheit Schaden zugefügt wird.

Das erste Gesetz

Ein Roboter darf einem menschlichen Wesen keinen Schaden zufügen oder durch Untätigkeit zulassen, dass einem menschlichen Wesen Schaden zugefügt wird, es sei denn, dies würde das nullte Gesetz der Robotik verletzen.

Das zweite Gesetz

Ein Roboter muss dem ihm von einem menschlichen Wesen gegebenen Befehl gehorchen, es sei denn, dies würde das nullte oder erste Gesetz der Robotik verletzen.

Das dritte Gesetz

Ein Roboter muss seine Existenz beschützen, es sei denn, dies würde das nullte, das erste oder das zweite Gesetz der Robotik verletzen.»

Laut Asimov sind sie notwendig im sogenannten «positronischen Gehirn» eines jeden Roboters verankert, d. h. in einer zentralen Steuereinheit, ohne die es gar nicht möglich wäre, Roboter mit Bewusstsein (ja, im Kontext von Science Fiction dürfen bewusste Roboter unwidersprochen bleiben!) herzustellen. Veröffentlicht hat er diese Grundregeln – heute als Asimov'sche Gesetze bekannt – zuerst 1942 in seiner Kurzgeschichte «Runaround». Er bezog sich später immer wieder auf sie, fügte aber erst rund vierzig Jahre später das nullte Gesetz hinzu, das die gesamte Menschheit gegenüber dem individuellen Menschen priorisiert.

Heute gelten die Gesetze als Paradebeispiel für einen sogenannten Top-Down-Ansatz der Implementierung von Moral, d. h. der Frage, wie man einen computergesteuerten Roboter dazu bekommt, sich gemäß gängigen Moralvorstellungen zu verhalten. Selbstverständlich darf nicht alles, was in der Science-Fiction-

Literatur funktioniert (und dort auch gerne unspezifisch bleiben darf), auf die Realität übertragen werden. Dennoch wäre für die Maschinen- und Roboterethik schon viel gewonnen, wenn jedes Computerprogramm «von oben herab» so gestalten werden müsste, dass es einzelnen Menschen und der Menschheit als Gesamtheit keinen Schaden zufügt.

Software

72. Was ist eine Turing-Maschine? (Und warum ist das wichtig?) Den größten Einfluss auf die Informatik übte Alan Turing durch sein Konzept der Turing-Maschinen aus. Diese beschreiben das Prinzip, nach dem heute jeder Computer (jedes Telefon, jeder smarte Kühlschrank etc.) funktioniert. Turings Maschinen existierten zunächst nur auf dem Papier. Sie waren so konzipiert, dass sie in einem Schritt-für-Schritt-Verfahren einen Datensatz anhand einer Regel (z. B. Addition oder Subtraktion) in einen anderen, passenden Datensatz verwandelten. Eine solche Maschine mit einem fixen Befehlssatz nennt man eine spezielle Turing-Maschine. Es lässt sich aber auch eine universale Turing-Maschine konzipieren, die in der Lage ist, jede mögliche spezifische Turing-Maschine zu simulieren. Heute ist jede vollwertige Programmiersprache eine solche universale Turing-Maschine.

Die Idee der universalen Turing-Maschine ist wichtig, und zwar nicht nur, weil sie das Prinzip der Programmierbarkeit überhaupt expliziert sowie mechanisch oder elektronisch konstruierbar macht. Sie legt auch den Grundstein für eine informationstheoretische Allmachtsidee und eine praktische Allmachtsfantasie: Wenn es möglich ist, jeden Datensatz anhand von Regeln in einen anderen Datensatz zu verwandeln, und wenn es stimmen sollte, dass sich alle Zustände und Relationen der Welt als Daten auffassen und beschreiben lassen, dann folgt daraus, dass letztlich alles informationell rekonfigurierbar erscheint und jede denkbare Veränderung menschlicher Erfahrung nur noch ein (beliebig großes) «engineering problem» darstellt. Dieser Gedanke macht Zukunftsvisionen wie die Matrix, Holodecks und letztlich jede neue Startup-Idee möglich. Das Prinzip der universalen Programmierbarkeit oder «Turing-Vollständigkeit» ist daher der Schlüssel zur Rekonstruktion der Welt durch informatische Prinzipien. Oder anders gesagt: Konzeptionell sind dem Prinzip «Software is Eating the World» keinerlei Grenzen gesetzt.

73. Frisst Software die Welt? Marc Andreessen lag mit seiner Prophezeiung (→ 33) natürlich goldrichtig: Mehr als ein Jahrzehnt nach der Dot.com-Krise lenken Softwarekonzerne die gesamte Weltwirtschaft und verändern die Gesellschaft durch ihre Produkte. Apple, Microsoft, Alphabet, Amazon und Meta gehören zu den zehn wertvollsten Unternehmen der Welt; der Wert einer Apple-Aktie z. B. hat sich seit Andreesens berühmtem Aufsatz mehr als verzehnfacht. «Software is eating the world» – wobei diese martialische Beschreibung weder der Software noch der Welt gerecht wird. Die Welt ist nicht einfach ein Opfer, das gefressen wird – zumindest muss sie das nicht sein. Der digitale Wandel ist keine Naturkatastrophe, die die Menschheit unvorbereitet trifft und zu der sie sich irgendwie verhalten muss. Ob und wie Software die Welt verändert, ist vielmehr eine Entscheidung, die die Menschheit selbst treffen muss. Natürlich wäre es zu kurz gedacht, die Menschheit als kollektives Wir zu verstehen, das entweder gemeinsam frisst oder gefressen wird – oder einfach eine allgemein verbindliche Entscheidung fällt. «Wir» sind vielmehr ein komplexes Gefüge aus Individuen, die in ganz unterschiedlichen Beziehungen zueinander stehen, jeweils individuelle Ziele verfolgen und in verschiedenem Ausmaß vom digitalen Wandel profitieren bzw. durch diesen abgehängt werden. Tatsächlich wird die verändernde Kraft von Software von einer unermesslichen Vielzahl miteinander zusammenhängender und nicht-zusammenhängender Entscheidungen getragen und tagtäglich aufrechterhalten. Die Auffassung hingegen, dass es gar keiner gesellschaftlichen Entscheidungen mehr bedarf, weil jede Innovation auf dem Gebiet der Software allen Entscheidungen zwangsläufig vorgreift, ist das Narrativ des technologischen Determinismus, das vor allem die großen Technikkonzerne gerne propagieren und dem die Politik leider oft nichts entgegenzusetzen weiß. Eine demokratische Gesellschaft, der ihre eigene Demokratiefähigkeit am Herzen liegt, kann sich ein solches Narrativ allerdings nicht leisten. Sie sollte sich hingegen bewusst machen, dass die Wirkungsmacht der Softwareindustrie eben von sozialen und politischen Entscheidungen nach wie vor abhängt – und daher auch gestaltbar bleibt. Zumindest für diese Gestaltung müsste sich eine demokratische Gesellschaft dann doch wieder als kollektives Wir verstehen.

74. Stimmen Sie der Unix-Philosophie zu? Warum sind Prinzipien, wie man Software bauen soll, für Nutzerinnen relevant? Weil architektonische Entscheidungen der Entwicklerinnen Folgen dafür haben, wie wir unsere Geräte benutzen und wer dabei wie viel Kontrolle hat. Unix ist eine Familie von Betriebssystemen, die ab den 1970er Jahren – als Rechner noch vor allem in Firmen und Universitäten standen – auf den meisten dieser Rechner installiert war. Von Unix kennen wir Konzepte wie Dateien, Ordner, Pfade und viele weitere Standards sowie Gepflogenheiten, die Ressourcen eines Computers zu verwalten.

Einen Teil dieser Gepflogenheiten nannte man die «Unix-Philosophie». Eine kanonische Form dieser Philosophie hat es nie gegeben. Mike Granarz' neun Regeln sind beispielsweise etwas anders als Eric Raymonds 17 Regeln. In allen Versionen lassen sich aber zentrale Motive wiederfinden: Konfigurationen sollten in Textdateien gespeichert sein; Programme sollten klein und modular sein sowie nach dem Prinzip entwickelt werden, dass sie genau eine Sache, und diese möglichst gut, können sollten, sodass leichte Konfigurierbarkeit, Wartung und Skalierbarkeit von Rechnersystemen genauso wie die Freiheit der User sichergestellt werden. Ob es immer der Weisheit letzter Schluss ist, sich an diese Regeln zu halten, ist in diesem Kontext egal und tatsächlich nur für Entwickler wichtig (es gibt in der Tat gute Gründe, v. a. im front-end, d. h. bei der Entwicklung von User Interfaces, davon abzuweichen, und es gibt intensive Debatten über Sinn und Unsinn dieser Regeln bei bestimmten zentralen Betriebssystemkomponenten wie z. B. systemd unter GNU/Linux oder der Windows Registry). Einen Unterschied aber macht der Geist, der hinter diesen Regeln steckt, und das zeigt sich vor allem im Kontrast zu den Fällen, in denen diese Regeln brutal verletzt werden.

Gerade bei großen kommerziellen Produkten wirkt es nämlich oft, als bemühten sich Hersteller geradezu, die Unix-Philosophie, so stark es irgend geht, zu verletzen. Betriebssysteme und Office-Programme genauso wie Internetdienste von gmx bis Google und Facebook bis Slack verhalten sich tendenziell expansiv. Zur Weboberfläche kommt die App, zur App die Messenger-Funktion, zur Verkaufsplattform die soziale Netzwerk-Komponente, zum sozialen Netzwerk das Medienangebot etc. Funktionen nehmen zu, und alle sind in ein großes Paket oder eine umfängliche Suite integriert: Es wird möglichst viel mitgeliefert in der Hoffnung, gegenwärtige Nutzer zu binden, zusätzliche Nutzer zu gewinnen und von einem erfolgreichen Produkt aus weitere Märkte aufzurollen. Manchmal kommen solche Integrationen den Nutzern entgegen, manchmal fangen sie diese lediglich ein. In allen Fällen aber zeigt sich ein Unterschied: Expansive Softwarearchitekturen ergeben unter kommerziellen Gesichtspunkten Sinn, aber nicht unter technischen. Die Unix-Philosophie ist dabei nicht nur von Ingenieuren für Ingenieure gemacht, sondern für alle, die sich Computern auch technisch nähern wollen. Programme, die dieser Philosophie gehorchen, sind sparsam und durchschaubar, kontrollierbar und veränderbar – sie sind offen und wollen verstanden sowie rekonfiguriert werden, anstatt der Nutzerin bestimmte Nutzungen aufzuzwingen. Sie «empowern» also die Nutzerin, während die großen Suiten dafür geschrieben sind, sie einzufangen – was ihr natürlich auch gefallen kann.

75. Was sind Copyleft-Prinzipien, und was denken Sie über freie Software? Eigentlich wollte Richard Stallman nur einen Papierstau beseitigen – und ein kleines Programm schreiben, das ihn informiert hätte, wenn der Netzwerkdrucker im anderen Stockwerk mal wieder spinnt. Doch zum ersten Mal – es war das Jahr 1980 – weigerte sich die Druckerfirma, dem MIT-Studenten den Quellcode ihrer Druckersoftware zur Verfügung zu stellen. Waren Anwendungsprogramme bisher als bloßes Beiwerk zu Hardwareverkäufen gesehen worden, wurde der Softwaremarkt nun selbständig. Der Quellcode von Programmen – also die von Menschen geschriebenen Instruktionen, die erst in einem zweiten Schritt für Rechner kompiliert und damit ausführbar und unlesbar gemacht werden – wurden nun zu Betriebsgeheimnissen, um die Kompilate als Produkte verkaufen zu können.

Richard Stallman dagegen wurde ein Aktivist, der den Geist der Offenheit und Kollaboration aus der Zeit der Computerpioniere in die Zeit der Softwareindustrien hinüberretten wollte. Er tritt bis heute vehement dafür ein, nur quelloffene Software zu benutzen, schrieb das offene Betriebssystem GNU sowie einen Editor namens Emacs und ist einer der Gründer und schillerndsten Köpfe der Freien-Software-Bewegung. Gänzlich erfolglos war er damit nicht. Unter anderem überredete er Linus Torwalds, den Schöpfer des Linux-Kernels, dessen Quellcode zu öffnen und mit seinem Betriebssystem GNU zu kombinieren, was heute u. a. die Basis für Android liefert. Auch Firefox, Blender, Gimp, LibreOffice und unzählige unbekanntere, aber oft benutze Softwarebausteine wie OpenSSL, Apples Drucksystem CUPS und sehr viele Softwarebibliotheken sind sogenannte Freie Software, die heute praktisch jeder täglich nutzt. Um diese Projekte haben sich teilweise erstaunlich straffe und effiziente Communitys gebildet, die es mitunter sogar mit kommerziellen Softwareentwicklungsteams aufnehmen können (wie Microsoft in den berüchtigten Halloween-Dokumenten festgestellt hat).

Die immensen Erfolge dieser Communitys (der Linux-Kernel z. B. betreibt heutzutage die Mehrheit der Telefone wie auch Server und IoT-Geräte) sind allerdings immer in Gefahr. Die sogenannten vier Freiheiten – Software zu nutzen, ihren Quellcode zu studieren, zu modifizieren und den modifizierten Code weiterzugeben – können leicht ausgenutzt werden: Jemand könnte sich den kompletten Code schnappen, eine oder zwei zusätzliche Funktionen einbauen und das Ganze nun ohne Quellcode verkaufen. Das kommerzielle Produkt wäre dann – bei minimalem Arbeitsaufwand – dem ursprünglichen freien Projekt immer einen Schritt voraus, während sich die Verkäufer die Arbeit der gesamten Community unter den Nagel reißen.

Gegen diese Gefahr hat Stallman das Prinzip der sogenannten Copyleft-Lizenzen entwickelt (in einer bewussten Anspielung auf das von ihm geschundene Copyright): Ein Programm, das unter einer solchen Lizenz wie z. B. der General Public Licence (GPL) steht, darf nach all den beschriebenen Freiheiten verwendet werden, allerdings unter einer Bedingung: Sämtliche Abwandlungen des Codes müssen wieder unter der gleichen Lizenz stehen, die diese Freiheiten dann auch für jedes Derivat garantiert.

Diese Eigenschaft von Copyleft-Lizenzen, die dem Schutz der Arbeit der Community dient und dafür sorgt, dass öffentliche Programme auch öffentlich bleiben, birgt allerdings einige Gefahren für die industrielle Welt. Es gibt Firmen, die ihren Mitarbeitern die Nutzung jeglicher Software unter Copyleft-Lizenz verbieten – aus Angst, dass selbst deren indirekte Integration in das eigene Projekt sie zur Offenlegung des gesamten Quelltextes zwingen würde. Diese Gefahr von Copyleft-Lizenzen, proprietäre Projekte sozusagen zu infizieren, brachte den früheren CEO von Microsoft Steve Ballmer zu der Aussage, Linux (und implizit jeder GPL-Code) sei ein Krebsgeschwür.

76. Wie denken Sie über Urheberrecht? Es ist kein Zufall, dass Daten-Piraterie eines der ersten öffentlich wahrgenommenen Probleme war, das durch die digitalen Medien aufgeworfen wurde. Computing basiert essentiell darauf, dass Daten keine individuellen Dinge sind, sondern abstrakte Formen, die sich leicht und beliebig oft manifestieren lassen. Die Rede von «Raubkopien» und «Datendiebstahl» passt daher nicht: Anders als in der analogen Welt bedeutet die Aneignung bestimmter Daten ja gerade nicht, dass deren voriger Besitzer nicht mehr über sie verfügt. Solche falschen Analogien sind aber nützlich, wenn es darum geht, einen kulturindustriellen Status quo wiederherzustellen, der durch die informationelle Durchlässigkeit der Digitaltechnik in Gefahr gerät. Da die Leichtigkeit der Vervielfältigung von Information in der Natur digitaler Technik liegt, muss man diese aktiv, d. h. mit zusätzlichen Programmmodulen, verhindern. Das ist, was Paywalls und Digital Rights Management tun: Sie sind zusätzliche Mühen, um den technisch von Haus aus möglichen Datenaustausch nachträglich zu limitieren und sozusagen eine prinzipiell unbegrenzte Ressource künstlich zu verknappen.

Was technisch absurd erscheint, ist freilich juristisch und ökonomisch nachvollziehbar. Künstler und alle Kreativarbeiter – Journalisten, Dozenten, Darsteller, Autoren, Fotografen – sollen für ihr Werk angemessen belohnt werden. Und das geht nur, wenn dieses Werk kein frei verfügbares Gemeingut ist. Oder so lautet zumindest die Argumentation mancher Kulturschaffender und aller Verteilungsindustrien.

Dass wir das Problem inzwischen weniger diskutieren, liegt auch daran, dass sich die Rechteverwerter mittlerweile größtenteils durchgesetzt haben: Die Welt der Kulturerzeugnisse – Filme, Musik, Bücher – wird mehr oder weniger durch deren Streaming- und Downloadmaschinerien und damit von ihren festgelegten Restriktionen und Preisen bestimmt. Die Digitalisierung hat das Geschäft insofern verändert, als das physisch inspirierte Konzept des Eigentums (beliebiges Verfügen über eine Instanz der Daten z. B. auf CD oder im Druck) einem Rechtekonzept (Gewährung von Zugang) gewichen ist. Dies lässt sehr viel feinere Abstufungen und eine zeitliche Begrenzung der Bereitstellung zu und erzeugt außerdem eine grundsätzliche Abhängigkeit des Nutzers von den Diensten der Anbieter. Im Bereich der Kulturerzeugnisse haben sich also die zusätzlichen Kontrollmöglichkeiten der Digitaltechnik durchgesetzt, nicht aber die zusätzlichen Vervielfältigungsmöglichkeiten. Ein Seiteneffekt davon ist, dass Konsum (genauer: jede einzelne Konsumhandlung) notwendig mit der Identifizierung der Nutzer einhergeht – und damit mit der umfassenden Protokollierung des Konsumverhaltens.

Eine Lösung der Situation ist alles andere als einfach. Niemand sollte allerdings behaupten, dass der gegenwärtige Zustand dem effizientesten oder gar fairest möglichen System entspräche – oder auch nur frei von Absurditäten wäre. Es stimmt zumindest mulmig, wenn Künstler bei Spotify oder Apple Music nur noch einen Bruchteil dessen verdienen, was sie bekamen, als Plattenfirmen noch physische Waren für sie produzierten. Oder wenn Falschinformationen sich Mediennutzern geradezu aufdrängen, während sich guter Journalismus und gute Wissenschaft hinter Paywalls verschanzen – was man eigentlich als grandioses Scheitern der Informationsgesellschaft (bzw. Desinformationsgesellschaft) ansehen muss. Fällt wirklich niemandem ein besseres Vergütungs- und Verteilungsmodell ein, das die Rechte der Kulturschaffenden wahren und die Vorteile der Informationsverteilung digitaler Medien angemessen nutzen würde?

77. Und was ist mit Software-Patenten? Genau wie das Urheberrecht betreffen auch Patente den Schutz von geistigem Eigentum. Das Urheberrecht schützt den Urheber eines Werkes vor der unautorisierten Vervielfältigung, Verwendung und vor allem vor der materiellen Verwertung desselben durch Dritte. Das Patentrecht bezieht sich allerdings nicht auf das konkrete Werk, sondern auf ein Verfahren, um etwas herzustellen.

«Machen Sie einen Topf Wasser heiß, streuen etwas Salz rein, schütten Spaghetti dazu und lassen Sie sie so lange kochen, bis sie al dente sind.» Ich bin der Urheber dieses Spaghetti-Rezepts. Wenn Sie es in Ihren Food Blog kopieren, könnte ich Sie vermutlich – einige Unwägbarkeiten und Details des Urheberrechts wie die hinreichende Schöpfungshöhe außer Acht gelassen – gerichtlich belangen. Heißt das, dass nur noch ich Spaghetti zubereiten darf? Zum Glück nicht. Mein Urheberrecht bezieht sich nicht auf das Herstellungsverfahren. Sie dürfen nach wie vor einen Topf Wasser heiß machen, etwas Salz rein streuen und Spaghetti dazu schütten. Sie dürfen aber nicht die exakt selben Worte verwenden, um dieses Verfahren zu beschreiben. Um das Verfahren zu schützen, hätte ich ein Patent anmelden müssen. Wenngleich Patente auf Kochrezepte grundsätzlich möglich sind, wäre der Versuch hier nicht sonderlich erfolgversprechend: Spaghetti frisst die halbe Welt.

Bei Software sind beide Schutzbereiche des geistigen Eigentums relevant: Das Urheberrecht schützt den Quellcode eines Programms, der nicht ohne Zustimmung des Rechteinhabers vervielfältigt, verändert und weitergegeben werden darf. Darüber hinaus kann ein Patent auf Software ein bestimmtes Verfahren als Erfindung schützen. Die Patentanmeldung ist eine gezielte Offenlegung und Dokumentation von bisher geheimen Verfahren zu dem Zweck, die Nutzung durch Dritte zu verbieten (oder gegen Gebühr lizenzieren zu können). Patente verfolgen zwar einen ähnlichen Zweck, sind aber der Sache nach das genaue Gegenteil zum Hüten von Geschäftsgeheimnissen.

Berüchtigt ist das 1-Click-Patent, das Amazon im Jahr 1997 erfolgreich in den USA angemeldet hat und 20 Jahre lang davor schützte, dass Mitbewerber Bestellungen mit nur einem Klick auf ihren Online-Shops einrichten. Hier wurde kein konkreter Quellcode geschützt, sondern die «Erfindung» des 1-Click-Shopping. Microsoft meldete einst ein Patent auf den Doppelklick an. Sony auf den Fortschrittsbalken. Zu visualisieren, wie sogenannte Trivialpatente technischen Fortschritt verlangsamen, wäre auf dieser Basis kaum möglich. Ich lade Sie stattdessen zu einer Partie Monopoly ein, bei der mir Schlossallee und Parkstraße schon gehören, bevor Sie das erste Mal würfeln dürfen. Dabei erzähle ich von Wilhelm Conrad Röntgen, der bewusst auf das Patent für seine berühmteste Erfindung – die Röntgenstrahlen – verzichtete, damit diese schnell und unkompliziert zum Wohle der Menschheit eingesetzt werden können.

78. Welche Programmiersprachen beherrschen Sie? Hier nun aufzulisten, welche Programmiersprachen wir beherrschen, wäre so uninteressant wie Anekdoten aus unseren Teenie-Jahren zu erzählen, in denen vergeudete Nachmittage am Computer und Programmierkenntnisse sich wechselseitig bedingten. Stattdessen folgt eine kleine Liebeserklärung an das Programmieren.

Vorab: Ja, wir betrachten vieles, was gegenwärtig programmiert wird, kritisch. Aber nicht, weil wir Technik hassen. Wir kritisieren nicht das Programmieren. Wir kritisieren diejenigen, die etwas vom Programmieren verstehen und ihr Wissen (bewusst oder unbewusst) gegen eine freie und offene Gesellschaft einsetzen. Und wir kritisieren diejenigen, die nichts davon verstehen, aber in verantwortlicher Position einer freien und offenen Gesellschaft (bewusst oder unbewusst) einreden, dass die Digitalisierung eine notwendige Entwicklung ist, die direkt zu ökonomischem und sozialem Wohlstand führt, sofern wir nur aufpassen, dass Computer uns nicht auslöschen.

Selbst etwas vom Programmieren zu verstehen, hilft enorm, Missbräuche und Missverständnisse zu erkennen. Es hilft, «mitreden» zu können, und es hilft, zu begreifen, dass ein Computer kein Wunderapparat ist, sondern eine (sehr lange) Verkettung elektronischer Schaltungen nach dem Modell einer Turing-Maschine. Es hilft aber auch, sich ein kritisches Urteil über unsere kritischen Urteile zu bilden.

Programmieren ist aber viel mehr: Es ist die ordentlichste Weise, über die Welt nachzudenken, aber auch eine leicht verfügbare Weise, viele neue Welten auf einmal zu schaffen, sie mitzugestalten und sie zu verbessern – auch und vor allem die unsere. Wenn Sie selbst schon ein paar Zeilen Code geschrieben haben, verstehen wir uns hoffentlich. Wenn nicht, können wir es auch nicht erklären: Das müssen Sie selbst erfahren. Haben Sie keine falsche Scheu. Programmierbefehle machen nichts anderes als festzulegen, ob und wie Strom durch elektronische Schaltungen fließt. Im Prinzip ist Programmieren dasselbe, wie Lichtschalter an- und auszuknipsen.

Es gibt hervorragende kostenlose Onlinekurse, die diese Erfahrung vermitteln. Die gegenwärtig beliebteste Anfänger-Sprache ist Python. Sie ist leicht zu lernen, klar strukturiert, universell einsetzbar, durch frei verfügbare Bibliotheken und Frameworks beliebig erweiterbar und wird auch von professionellen Entwicklern genutzt. Mit welcher Sprache man beginnt, ist aber egal, wenn es nur darum geht, zu verstehen, was ein Computerprogramm ist. Wer eine Programmiersprache versteht, versteht auch alle anderen. Python zu lernen ist wie Schwedisch zu lernen. Sie lernen gleichzeitig Norwegisch und Dänisch (über die seltsame dänische Aussprache wundern sich auch professionelle Schweden) und verstehen bald Grundzüge von Isländisch, Färöisch und Plattdeutsch. Sie könnten auch mit Norwegisch oder Dänisch anfangen. Die sind aber nicht so melodisch und haben weniger Sprecher. Fangen Sie also mit Python an.

Ein toller Einstieg, um Programmieren und gleichzeitig die Funktionsweise von Computern schnell zu verstehen, besteht darin, sich einen Mikroprozessor (z. B. «Raspberry Pi» oder «Arduino») zu besorgen. Programmieren geht aber auch nur mit Zettel und Stift. Das ist nicht ganz so «hands on», aber funktioniert genauso. Wie auch immer Sie beginnen wollen: Trauen Sie sich!

Internet und Medien

79. Wie funktioniert das Internet?   Das Internet ist ein Verbund aus Rechnernetzwerken. Unzählige Computer werden (zumeist) über Kabel miteinander verbunden und können Daten austauschen. Dieses globale Netzwerk ermöglicht den Betrieb verschiedener Dienste: Die bekanntesten sind das World Wide Web (WWW) und E-Mail. Wenn im Alltag vom «Internet» die Rede ist, meint man damit meist das WWW, also jenen Teil des Internets, der – basierend auf einem Protokoll namens HTTP bzw. HTTPS – dafür sorgt, dass Sie Texte, Bilder, Videos etc. auf Ihrem Computer oder Telefon sehen können. Ein Protokoll regelt, wie Daten zwischen zwei Computern ausgetauscht werden. Bei HTTP (Hypertext Transfer Protocol) findet dieser Austausch unverschlüsselt, bei HTTPS (Hypertext Transfer Protocol Secure) verschlüsselt statt. Die meisten Browser zeigen Ihnen das durch ein Schloss-Symbol an. Da Website-Betreiber seit 2016 verpflichtet sind, Formulareingaben nur verschlüsselt an ihren Server zu übertragen, kommt im WWW fast nur noch HTTPS zum Einsatz. Auch VOIP (Voice over IP, wobei das IP für Internetprotokoll steht) ist inzwischen ein wichtiger Internetdienst und zum Standard der Telefon-Infrastruktur geworden, der die analogen Telefonleitungen (inzwischen liebevoll POTS, plain old telephone service, genannt) vielerorts vollständig verdrängt hat. Für zahlreiche Dienste existieren eigene Protokolle (z. B. das File-Transfer-Protokoll zur Datenübertragung oder das IRC-Protokoll als Grundlage für historisch wichtigste Chatdienste), die allesamt auf derselben grundlegenden Infrastruktur aufbauten, die sich in den 1970er Jahren mit dem Arpanet entwickelt hat.

80. Hat das Internet unsere Gesellschaft demokratischer gemacht? Wenn man das Internet als Massenmedium betrachtet, wird schnell die Frage laut, in welchem Verhältnis es zur Demokratie und Gesellschaft steht. Joseph Weizenbaum formulierte einst treffend: «Das Internet ist ein Müllhaufen mit Perlen darin.» Vergleichbare Müllhaufen hat die Zivilisation reichlich hervorgebracht. Auch Radio und Fernsehen ermöglichen es, effizient Informationen, Kultur und Wissenschaft zu vermitteln, Menschen mit unterschiedlichen Hintergründen und Meinungen ins Gespräch zu bringen und gesellschaftliche Prozesse konstruktiv zu begleiten. Hat das Dschungelcamp unsere Gesellschaft nun demokratischer gemacht? Und warum sollte es undemokratisch sein, wenn Pornos ein Drittel des weltweiten Internetverkehrs ausmachen? Wer unter Demokratie aber versteht, dass jeder tun und lassen kann, was er will, wird wohl auch die Kommentarspalten von Spiegel Online als aktiv gelebte Demokratie verstehen und den Moderatoren Zensur vorwerfen, wenn ein fragwürdiger Kommentar gelöscht wird.

Ein wesentlicher Aspekt des Massenmediums Internet besteht darin, dass seine Nutzer nicht nur passiv konsumieren, sondern aktiv das Geschehen mitgestalten können: Nie war es so leicht, seine Meinung kundzutun, Gleichgesinnte zu finden, mit Andersgesinnten zu streiten oder das unmittelbare Erleben (sei es des niedlichen Quietschens des eigenen Meerschweinchens oder der Menschenrechtsverletzungen der eigenen Regierung) mit dem Rest der Welt zu teilen. Und das ist gut so: Wenn es diesen riesigen Müllhaufen Internet nicht gäbe, würde es auch seine Perlen nicht geben. Ein Beispiel für einen ganzen Perlenhaufen, allerdings mit Müll darin, ist Wikipedia: Wir nutzen sie nicht selten zur Vorbereitung unserer Seminare, und gleichzeitig streichen wir es Studierenden an, wenn sie in Hausarbeiten daraus zitieren. Die Kunst besteht (wie so oft) darin, Perlen von Müll zu unterscheiden. Tatsächlich ist Wikipedia das einzige Beispiel für eine Plattform, die nach demokratischen Prinzipien funktioniert und sich bis heute erfolgreich im Verdrängungswettbewerb großer Tech-Konzerne behauptet: «The one surprise that teaches more than everything else», wie der Rechtswissenschaftler Lawrence Lessig sie in der Widmung seines Buches *Code. Version 2.0* bezeichnet.

Das Internet bildet jedoch auch die Grundlage für das globale Echtzeit-Trading. Spekulanten haben so die Möglichkeit, die gesamte Weltwirtschaft binnen Sekunden in den Abgrund zu stürzen. Hat das unsere Gesellschaft demokratischer gemacht? Historisch war das Internet vor allem ein Netzwerk zur militärischen Kommunikation, und wenngleich es nicht mehr primär als militärisches Medium dient, ist es umgekehrt immer noch essentiell für die Forschung an und die Anwendung von moderner Militärtechnik, angefangen von verschlüsselter Kommunikation bis hin zur Fernsteuerung von Drohnen oder autonomen Tötungsrobotern.

Die Frage, ob ein Medium oder eine Technik eine Gesellschaft demokratischer macht, ist vermutlich ein Kategorienfehler. Welche Perlen das Internet bietet und wie man den Müllhaufen drumherum beseitigt, sind dagegen Fragen, über die jeder in einer demokratischen Gesellschaft nachdenken sollte.

81. Was bedeutet «The Medium is the Message»? «Heute, nach mehr als einem Jahrhundert der Technik der Elektrizität, haben wir sogar das Zentralnervensystem zu einem weltumspannenden Netz ausgeweitet und damit, soweit es unseren Planeten betrifft, Raum und Zeit aufgehoben. Rasch nähern wir uns der Endphase der Ausweitung des Menschen — der technischen Analogiedarstellung des Bewusstseins, mit der der schöpferische Erkenntnisprozess kollektiv und korporativ auf die ganze menschliche Gesellschaft ausgeweitet wird, und zwar auf ziemlich dieselbe Weise, wie wir unsere Sinne und Nerven durch verschiedene Medien bereits ausgeweitet haben.»

Diese Sätze könnten in jedem aktuellen Sachbuch über das digitale Zeitalter stehen. Angesprochen werden das Internet, soziale Medien, Smartphones, KI, AR und VR, Computer-Brain-Inferfaces und die Digitalwirtschaft. Der Text steht aber in der Einleitung zu Marshall McLuhans Sammelband *Understanding Media* von 1964 (oben zitiert aus der deutschen Übersetzung *Die magischen Kanäle*). Der Titel des ersten Aufsatzes, «The Medium is the Message», ist inzwischen ein geflügeltes Wort in Mediendiskursen geworden. Wie das obige Zitat ist auch der Aufsatz erstaunlich hellsichtig. Auch zeugt er davon, dass scheinbare technische Revolutionen (wie z. B. Web 2.0 oder mobiles Internet) – im Kontext längerfristiger, kontinuierlicher historischer Tendenzen gesehen – vielleicht gar nicht so revolutionär oder überraschend sind.

Wie die meisten Vorhersagen sind McLuhans Behauptungen freilich auch oft etwas unkonkret und orakelhaft. Was McLuhan aber schneller verstand als die meisten, war, dass Technik eben kein Werkzeug ist, sondern eine, wie er sagt, «Erweiterung unseres Selbst». Wenn uns das Telefon abhandenkommt, ist das eher so, als fehle uns ein Arm, und weniger, als vermissten wir eine Gabel: Ein Teil unseres Selbst und unserer Wirksamkeit in der Welt erscheint wie gelähmt. Geräte, die derart zentral für unser Leben sind, benutzen wir nicht bewusst, sondern sie werden quasi aus unserem Bewusstsein herausgekürzt: Wir denken nicht an die Handhabung unseres Telefons, wenn wir z. B. eine Nachricht senden oder eine App ausführen.

Technik als bloßes Werkzeug zu verstehen bedeutet: Rechner, Apps oder Dienste sind nicht böse, weil es immer darauf ankommt, was man damit macht. Die Aussage: «Guns don't kill people, people kill people» ist natürlich, wörtlich gesehen, wahr. Und gleichzeitig grob falsch (→ 14). Nicht nur töten Menschen mit Kanonen wesentlich effizienter als Menschen ohne Kanonen: Die Existenz der Kanone in meinem Gürtel ändert auch die mir unmittelbar präsenten Optionen – und damit mein Denken. Für einen Menschen mit Hammer wird alles zum potentiellen Nagel. Wer glaubt, dass Technik nur ein Mittel zur Durchsetzung von Zielen sei, die mit der Technik nichts zu tun haben, überschätzt die Stabilität der menschlichen Psyche maßlos. Die handlichen Optionen, die eine Technik liefert, entwickeln, weil sie so handlich sind, eine psychologische Eigendynamik. Blockiert man Brücken, von denen sich viele Selbstmörder herunterstürzen, geht die Selbstmordrate massiv herunter – sie suchen sich eben nicht konsequent ein anderes Werkzeug, um ihr Vorhaben auszuführen. Gleiches gilt für Schießeisen. Und für Apps. Kommunikation wird via Smartphone nicht bloß einfacher – wir ändern unser Kommunikationsverhalten, unsere Wünsche, unsere Erwartungen. Das Gleiche gilt für das Kaufverhalten, den Tagesablauf oder das Liebesleben. Kurz: Trauen Sie nie einer Werbung, die Ihnen sagt, dass ein neues Gerät Ihnen hilft, Ihre Ziele leichter und schneller zu erfüllen. Fragen Sie sich immer auch: Was wird das mit meinen Zielen und den Strukturen meines Lebens machen?

82. Wann ist es vernünftig, einem Kind ein Smartphone zu kaufen? Mit 14. Oder mit 12. Es kommt wahrscheinlich auf den jeweiligen Experten an, den Sie fragen. Und geht anscheinend auch mit der Zeit nach unten, was psychologisch verständlich ist. Denn so langsam kommen wir ja an den Punkt, an dem neue Eltern sagen: «Uns hat es doch auch nicht geschadet.»

Einerseits besteht ein unangenehmer Volkssport darin, anderen vorzuhalten, wie sie ihre Kinder zu erziehen haben. Andererseits suchen manche auch einfach Orientierung, oder sie verzweifeln vielleicht, weil der Eindruck entsteht, man habe, überspitzt gesagt, nur die Wahl, aus seinem Kind entweder einen Außenseiter oder ein psychisches Wrack zu machen. Gleichzeitig sind einfache Verbote bei einem derart in der Gesellschaft verankerten Medium sinnlos. Medienerziehung wie Medienkontrolle funktionieren allenfalls als familienweites Verhalten, denn Medienkonsum färbt genauso ab wie Medienfaszination.

Am Ende läuft es aber auf nüchterne Wenn-dann-Beziehungen hinaus. Die Wissenschaft kann nicht sagen, wann Sie Ihrem Kind einen Taschencomputer in die Hand drücken sollen. Aber sie kann, ein Stück weit, sagen, was passiert, wenn sie das tun.

83. Was sind die psychologischen Folgen von Smartphone-Nutzung, Bildschirmzeit und sozialen Medien? Über die Folgen von Tablets, Telefonen und Social Media ist viel geschrieben worden. Umso erstaunlicher erscheint der Umstand, dass die empirische Forschung dazu eigentlich noch sehr lückenhaft ist. Das liegt teilweise daran, dass die Fragestellungen meistens groß, vage und trotzdem sinnvoll sind («Soll ich meinem Kind schon ein Smartphone kaufen?»), datengestützte Psychologie dagegen aber möglichst kleinteilige, gleichförmige und isolierbare Situationen braucht, die man messen kann («Menschen, die vor dem Zubettgehen noch 15 Minuten das Telefon für Messaging benutzen und ansonsten keine Schlafstörungen und einen vergleichbaren Lebenswandel haben, tendieren dazu, etwas später einzuschlafen als eine Vergleichsgruppe, die in dieser Zeit ein Buch liest»).

Momentan scheint sich abzuzeichnen, dass wir in der Bevölkerung und besonders bei Jugendlichen eine Zunahme an Depressionen, Einsamkeit, Unzufriedenheit mit dem eigenen Körper, Selbstmorden sowie Angstzuständen und Aufmerksamkeitsdefizitsyndromen haben. Was davon aber mit dem Medienkonsum zusammenhängt, lässt sich auf dieser Basis nicht sagen. Und wo sich eine Korrelation z. B. zwischen exzessiver Nutzung von Instagram und Unzufriedenheit mit dem eigenen Aussehen zeigt, ist die Kausalität noch nicht ausgemacht: Führt Instagram zu Unzufriedenheit oder die Unzufriedenheit zur verstärkten (und verzweifelten) Nutzung von Instagram? Oder wird beides durch dritte Faktoren ausgelöst?

Einige allgemeine Parallelen sind seit langem klar: Medienkonsum geht auf Kosten der physischen Aktivität mit entsprechenden gesundheitlichen Schäden. Und geringes Selbstvertrauen korreliert mit problematischem Suchtverhalten. Beides betrifft aber nicht in erster Linie Telefone und soziale Medien, sondern drückt sich nur zur Zeit besonders über diese aus. (Die starke Zunahme bei Kurzsichtigkeit liegt z. B. wohl am Mangel an UV-Licht und nicht spezifisch daran, dass wir auf Bildschirme starren – wir müssten es nur mehr draußen tun.)

Nicht alle Klagen haben sich bisher bewahrheitet – z. B. waren die Warnungen eines Manfred Spitzer («Digitale Demenz») teilweise fehlerhaft. Und teilweise nicht: Unsere Aufmerksamkeitsstruktur verändert sich tatsächlich durch die Nutzung von Telefonen (wenn auch weniger deutlich, als manche annehmen). Schon das Telefon auf dem Tisch – ohne es zu berühren und ohne Push-Nachricht – hat einen messbaren negativen Effekt auf die Erfüllung komplexer Aufgaben. Textinhalte mit Hyperlinks merkt man sich schlechter (Wikipedia!), Schreiben am Bildschirm erzeugt weniger Lerneffekte als auf Papier. Auch korreliert die tägliche Zeit am Telefon direkt mit geringerem Lernerfolg. Doch wieder Vorsicht: Das tun ja genauso das Spielen mit Lego, Fußball oder die ehrenamtliche Tätigkeit in einer Suppenküche, sofern ein Tag eben nur 24 Stunden hat. Allerdings erzeugen Lego und Suppe weniger starke Suchteffekte.

Oft heißt es daher, maßvolle und bewusste Nutzung der neuen Medien sei entscheidend – wie z. B. auch beim Nervengift Alkohol. Und tatsächlich lassen sich negative Effekte v. a. am Ende der

Skalen nachweisen: Extensive Nutzung sozialer Medien korreliert klar mit Depressionen, und die unbeaufsichtigte und unbegrenzte Nutzung digitaler Medien zieht insbesondere bei Kindern deutliche Entwicklungsschäden nach sich. Wissensferne Schichten, Jugendliche und ökonomisch unter Druck stehende Familien sind daher auch immer die ersten Opfer der auf Dauernutzung getrimmten User-Interfaces und anderer Aufmerksamkeitstricks der behaviouristischen Raubtiere in den UX-Design-Abteilungen.

Im Übrigen ist «Sucht» oft die falsche Kategorie, weil sie meistens allzu binär gedacht wird und man sich dann mit einem «Ich bin ja nicht süchtig» vorschnell auf der sicheren Seite wähnt. Nützlicher ist es, sich selbst über Effekte zu befragen, die man an sich selbst wahrnehmen kann. Freilich sind schlechte Wirkungen teilweise schwer zu erkennen und – weil die Medien uns so am Herzen liegen – hart umkämpft. Relativ gut nachgewiesen ist aber das Gegenteil: Eine Auszeit von internetbasierten und v. a. sozialen Medien steigert fast immer das Wohlbefinden. Komischerweise gönnen Menschen sich diese weit seltener als einen Urlaub auf Hawaii oder in den Alpen, obwohl sie mindestens genauso gesund wäre – was einmal mehr gegen die Theorie spricht, dass Menschen rationale Nutzenabwäger sind.

Man sollte also nicht den Wald vor Bäumen übersehen, bloß weil es keine klare Studie zu einem einzelnen Thema gibt. Für größere kulturelle Verschiebungen darf man sich durchaus auch auf seinen Common Sense verlassen – vorläufig und nur, wenn man dabei kritisch im Auge behält, was man selbst gerne wahrhaben möchte. Zu den klügsten Büchern zum Thema gehört Sherry Turkles *Alone Together* mit dem luziden Untertitel *Why we expect more from technology and less from ourselves*, in dem sie zeigt, wie menschliche Verbindungen durch technische ersetzt werden und zu Rückzug, Übersensibilität und jener sozial umtriebigen Vereinsamung führen, die für mediale Kommunikation typisch ist.

84. Wie erzeugt man Sucht? Der Like-Button wurde tatsächlich eingeführt, um Menschen abhängig zu machen. In der Entscheidung steckte vor allem die psychologische Einsicht, dass soziale Anerkennung eine der stärksten Motivationskräfte ist, und die Frage, wie man diesen Mechanismus ausnutzen könnte. Der Knopf macht soziale Anerkennung auf unwiderstehliche Weise quantifizierbar: Minuten, Stunden, Tage kann man nun auf der Plattform verbringen und darauf warten, wie die Zahlen nach oben schnellen – oder eben nicht.

Eine Antwort auf unsere Frage lautet daher: mit «Gamification», der Verwandlung von Handlungszusammenhängen in spielartige Strukturen. Punktestände, als Fortschrittsbalken oder noch besser als Punktestände in Konkurrenz mit anderen, fangen die menschliche Psyche leicht ein. Ebenso Badges, gestaffelte Belohnungen, die man am besten noch zur Schau stellen kann. Gamification hält Nutzer bei der Stange, selbst wenn der eigentliche Gegenstand schwer zu verdauen ist. Das macht man sich in der Pädagogik zu Nutze wie auch bei Zehnerkarten im Restaurant, bei Meilenprogrammen beim Fliegen oder beim Sport.

Menschen permanent in den Bann zu schlagen, ist ökonomisch äußerst nützlich. In sozialen Netzwerken oder auch in der Spieleindustrie hat sich leider ein Geschäftsmodell durchgesetzt, das dem von Drogendealern allzu ähnlich ist. Nicht der einmalige Verkauf, sondern «Time on Device» ist das Ziel. Und das Modell macht leider in vielen anderen Bereichen Schule, von Nachrichtenseiten bis Disney+. Nicht umsonst heißt ein Klassiker des heutigen Marketings: *Hooked*. Das bessere Buch zum Thema ist aber Natasha Schülls *Addiction by Design*. Schüll untersucht eigentlich nur die Glücksspielszene in Las Vegas. Das Dumme ist nur, dass ein großer Teil der digitalen Welt sich Schritt für Schritt die Logik von Spielautomaten zu eigen macht und viele von Schülls Lehren auch die Psychologie digitaler Produkte gut beschreiben – inklusive dem Beharren der Industrie auf der Freiheit und Eigenverantwortung der Nutzer, während sie in der Benutzerführung nichts unversucht lässt, genau diese zu unterminieren. Schüll beschreibt, wie Casinobetreiber jede Variable der Umgebung beeinflussen, um es möglichst leicht und naheliegend zu machen, dabei zu bleiben. Abhängige Spieler spielen nicht wegen des Gewinns, sondern wegen des Gefühls, «in the zone» zu sein: Der psychische Zustand, in dem man in einen Flow gerät und alle Probleme sowie das eigene Selbst verschwinden. Dafür ist das Gewinnen nur der Motor, nicht die Motivation.

Die «Zone» ist nicht nur Glücksspielabhängigen vorbehalten. Youtube. Videospiele. Nachrichtenseiten. Reddit. TikTok. Selbst das gar nicht auf Abhängigkeit gebürstete Wikipedia lädt dazu ein, immer weiter zu klicken: immer neu, immer das gleiche – eins noch – und vielleicht noch eins – vier Uhr morgens. Designer können diesen Effekt massiv verstärken. Auch das lernt man bei Schüll. Man muss mit den Variablen spielen: Die Frequenz der Wiederholung, die Abstände zwischen den kleinen Belohnungen, wie genau Gewinne und Scheingewinne verteilt werden. Das Problem ist allerdings, dass bei den meisten Süchten nach digitalen Diensten der Schaden für den Einzelnen nicht so leicht messbar ist wie in Las Vegas.

85. Warum hat die CIA die Vögel ausgerottet? Um sie durch KI-gestützte Drohnen zu ersetzen, die der totalen Überwachung der Weltbevölkerung dienen. Deren scheinbares Federkleid ist nur eine Imitation dessen, wie Vögel einmal ausgesehen haben. Wenn es noch Spatzen gäbe, würden sie das längst von allen Dächern pfeifen. Ihre Attrappen machen es sich stattdessen lieber auf Stromleitungen bequem, um ihre Akkus aufzuladen.

So ähnlich steht es irgendwo im Internet. Das Satireprojekt «Birds Aren't Real» verbreitet diese Verschwörungstheorie seit 2017. Sie hat inzwischen einige Hunderttausend Anhänger und ist ähnlich erfolgreich wie die Bielefeldverschwörung, die das Internet in Aufregung versetzte. Im Jahr 1993 war auf einer Studentenparty jemandem der Satz «Du kommst aus Bielefeld? Das gibt's doch gar nicht» herausgerutscht. Fortan entspann sich ein Meme durch das Usenet, lange bevor es Social Media oder Social-

Media-Experten gab, die wissenschaftliche Abhandlungen zur Meme-Kultur hätten schreiben können. Die Stadt Bielefeld verzweifelte schließlich an ihrer eigenen Existenz und lobte 2019 eine Millionen Euro aus für den Beweis, dass es sie nicht gibt.

Leider sind nicht alle Verschwörungstheorien harmlose Internet-Scherze. Und kaum eine Gesellschaft hat sich schwerer damit getan, Wahrheit von Fake zu unterscheiden (die Perlen aus dem Müll zu suchen? → 80) als unsere. Zumindest wurde noch nie so viel über Verschwörungstheorien gesprochen wie heute – bedingt durch die globale Vernetzung, die vermeintliche Anonymität im Netz und algorithmenbasierte Filterblasen, in denen man nur das angezeigt bekommt, was man gerade sehen will. Im Unterschied zu vielen Qualitätsmedien verstecken sich Verschwörungstheorien nicht hinter der Paywall und sind gerade deshalb auch ein riesiges Geschäftsmodell. Verschwörungstheorien selbst sind jedoch kein Phänomen nur der Gegenwart. Sie sind fest in der Menschheitsgeschichte verankert, haben seit der Antike Kriege begründet, Frieden verhindert, Menschen ausgegrenzt, Religionen und Ethnien verunglimpft und Diktatoren (und solchen, die es gerne wären) zur Machtergreifung oder -erhaltung verholfen. Verschwörungstheorien sind Versuche, Weltereignisse dadurch zu erklären, dass sich eine Gruppe («die Geheimdienste», Außerirdische, «die Juden») gegen den Rest der Welt verschworen hat, geheime Ziele verfolgt, im Verborgenen operiert und der Öffentlichkeit die Wahrheit bewusst vorenthält. «Nichts ist, wie es scheint», «Nichts geschieht durch Zufall» und «Alles ist miteinander verbunden» – in diesen drei Sätzen fasst Michael Butter die Grundprinzipien konspirationistischen Denkens zusammen.

Selbstverständlich haben zahlreiche Verschwörungen tatsächlich stattgefunden. Und man könnte gut und gerne behaupten, dass vieles von dem, was uns Whistleblower wie Edward Snowden (→ 28) vor Augen geführt haben, nach einer Verschwörungstheorie klingen mag, obwohl es schockierend wahr ist. Dennoch ist sich die Forschung weitestgehend einig, dass Verschwörungstheorien sich u. a. dadurch von tatsächlichen Verschwörungen unterscheiden, dass sie stets falsch sind. Dabei ist es gar nicht so leicht, vernünftige Kriterien anzuführen, um zwischen Wahrheit und Fake, Satire und Realität zu trennen. Je weniger eine Gesellschaft aber an Wahrheitsorientierung festhält, desto schwerer muss ihr der Umgang mit Fake News (= absichtlich in Umlauf gebrachte Falschnachrichten) und Verschwörungstheorien fallen.

86. Was machen Influencer beruflich? In den USA wollen 86 % aller 13- bis 38-Jährigen Influencer werden. In Deutschland hegt immerhin rund ein Drittel aller Internetnutzer ab 14 Jahren den Wunsch, als Influencer erfolgreich zu sein. Influencer sind Leute, die mit ihrem Youtube-, Instagram- oder TikTok-Kanal so erfolgreich geworden sind, dass das, was sie zu sagen haben, Einfluss auf ihre oftmals Hunderttausende bis mehrere Millionen Follower hat. Insbesondere betrifft dies deren Konsumverhalten. Der Influencer-Begriff geht nicht zufällig auf den Bestseller *Influence* des Wirtschaftspsychologen Robert Cialdini zurück, der untersucht, wie Menschen durch sogenannte «Compliance Professionals» gezielt zu Kaufentscheidungen angeleitet werden können.

Was konkret Influencer zu sagen haben, ist ganz individuell: Viele haben als Teenager begonnen, im Internet über ihre Leidenschaft zu sprechen – etwa Kosmetik, Programmieren, Torten, Computerspiele oder Angeln – und sind damit so bekannt geworden, dass sie nun eigene Lippenstifte, Back- oder Angelzubehör verkaufen. Andere reden über Politik, klären über Wissenschaft oder soziale Missstände auf. Viele wiederum haben eigentlich gar nichts zu sagen, und sind genau deshalb so erfolgreich, weil sie ihre Fanbase an ihrem Alltag (oder was sie als ihren Alltag vorgeben) teilhaben lassen. Erfolgreiche Influencer bezahlen professionelle Produktionsteams, die sie bei Content-Recherche, Videoschnitt, Design, Marketing unterstützen. Fast alle arbeiten mit Agenturen zusammen, die Produktplatzierungen und andere Werbekooperationen vermitteln. Wenn auf einem Bild oder Video im Hintergrund ein Getränk oder ein Lippenstift scheinbar zufällig herumsteht, ist dies in aller Regel Teil einer bezahlten Kooperation. Vor allem für ihre zumeist jugendliche Zielgruppe sind die Grenzen zwischen Authentizität, Selbstmarketing und Schleichwerbung einigermaßen verschwommen, weshalb Influencer nicht zu Unrecht auch einen fragwürdigen Ruf genießen.

Wenn man Influencer aber darauf reduzieren würde, begeht man denselben Fehler, den die öffentliche Debatte damals bei Rezo gemacht hat: zu unterschätzen, dass manche (nicht alle) Influencer trotz professioneller Produktion, kommerziellem Interesse und blaugefärbten Haaren tatsächlich vieles Richtiges und Wichtiges zu sagen haben; und mehr noch: zu verkennen, dass es unabhängig davon Millionen von vor allem sehr jungen Menschen gibt, die allem, was Influencer sagen, sehr genau zuhören, sich mit diesen sehr häufig identifizieren und (zumindest in einigen Fällen) nur dank Influencern mit wichtigen Fakten, Themen und Problemen konfrontiert werden, über die anderswo geschwiegen wird oder die sonst im Nirgendwo verhallen.

87. War die «Declaration of Independence of Cyberspace» ihrer Zeit voraus oder hinterher? «Regierungen der industriellen Welt, Ihr müden Giganten aus Fleisch und Stahl, ich komme aus dem Cyberspace, der neuen Heimat des Geistes. Im Namen der Zukunft bitte ich Euch, Vertreter einer vergangenen Zeit: Laßt uns in Ruhe!»

So beginnt die «Unabhängigkeitserklärung des Cyberspace» (hier zitiert in deutscher Übersetzung von Stefan Münker für Telepolis). Der amerikanische Bürgerrechtler John Perry Barlow hat sie 1996 veröffentlicht. Damals war sie Ausdruck des Lebensgefühls einer ganzen Generation, heute scheint sie nicht mehr als ein skurril anmutendes Zeitdokument. Sie erinnert daran, dass das Internet vor einem Vierteljahrhundert ein anderes war. Konkreter Anlass für das Dokument war ein 1996 von der Clinton-Regierung beschlossenes US-Gesetz, das die Verbreitung von Pornographie im Internet verbieten sollte. Aktivisten wie Barlow fürchteten damals einen Dammbruch: Regierungen hätten erstmals die Möglichkeit, das bis dahin freie Internet zu zensieren.

Statt vom Internet spricht Barlow (wie viele zu der Zeit) vom «Cyberspace»: einem kybernetischen Raum, den es zu entdecken, zu erkunden und zu besiedeln gilt wie fremde Kontinente oder das Weltall. Analog zur Unabhängigkeitserklärung der Vereinigten Staaten, mit der die Bindung ans britische Königshaus überwunden wurde, will Barlow mit seiner Unabhängigkeitserklärung den Cyberspace von der «alten Welt» und allen Zwängen staatlicher Regulierung lossagen. Natürlich funktioniert der Analogieschluss nicht (und natürlich war sich Barlow dessen bewusst): Die Infrastruktur des Internets (Server, Rechner, Kabel) ist ja gerade auf dem Territorium jener Staaten verortet, von denen Barlow sich abwenden will. Entsprechend kann der Cyberspace nur «Heimat des Geistes» sein, d. h. als Metapher für einen unendlichen Raum gelten, in dem Ideen und nicht menschliche Körper aufeinander treffen. Das inzwischen inflationär verwendete Präfix «Cyber-» hat seinen Ursprung im Griechischen: Homer bezeichnete den Steuermann eines Schiffes einst als *kybernetes*. Norbert Wiener begründete – davon inspiriert – in den 1940er Jahren die sogenannte Kybernetik als Wissenschaft der Steuerung und Regelung von Maschinen (wozu er neben allerlei mechanischen Apparaten auch das menschliche Gehirn zählte).

Lawrence Lessig hat bereits 1999 mit einem der immer noch wichtigsten Bücher über die Digitalisierung, *Code, and other Laws of Cyberspace*, auf Barlow geantwortet. Lessig führt unter anderem aus, dass die Interessen der Industrie mit denen staatlicher Politik konvergieren, insofern beide an der Nachvollziehbarkeit von individuellen Handlungen interessiert sind. Daher sei anzunehmen, dass eine allgemeine Tendenz zu zunehmender Identifikation und Regulierung einsetzen würde, wenn die Menschen sich ihr nicht aktiv widersetzen. Lessig sieht aber auch, dass es schwer werden wird, diese Tendenz nicht als naturgegebenen Teil des technischen Fortschritts wahrzunehmen und die Klarheit darüber zu behalten, dass die softwarearchitektonischen Änderungen, die für diese Entwicklung nötig sind, auch ganz anders ausfallen könnten.

Im Rückblick war Lessigs Buch hellseherischer als Barlows Pamphlet. Das anonyme, ungeordnete und dezentrale Internet ist größtenteils einem homogenisierten Netz gewichen, in dem es normal geworden ist, dass jede Handlung einem physisch lokalisierbaren Urheber zugesprochen werden kann. Politiker hielten Barlows Unabhängigkeitsbestrebungen entgegen, das Internet sei kein rechtsfreier Raum, und schränkten in den letzten Jahrzehnten die Freiheiten seiner Nutzer ein, z. B. durch Vorratsdatenspeicherung in unterschiedlicher Form, Copyright-Gesetze, Upload-Filter und zunehmende Überwachungsvollmachten (wie z. B. im Patriot Act der US-Regierung). Und weil es schlicht so leicht und naheliegend ist, gehen sie dabei auch schnell über die legalen Grenzen hinaus, wie man an den Enthüllungen von Edward Snowden (→ 28) gesehen hat. Parallel dazu arbeiten Technikfirmen inzwischen mit identifizierbaren und zunehmend quervernetzten Accounts, ohne die sich die meisten Dienste nicht nutzen lassen. Ähnlich wie deutsche Fußgängerzonen sieht auch das Internet heute zunehmend gleich aus. Wo die Interaktion nicht bereits sowieso über die großen Plattformen läuft, werden bei den meisten Webseiten unter der Haube zunehmend die gleichen Technologien eingesetzt: Hosting via Amazons AWS oder Microsofts Azure, Transaktionen via Shopify und PayPal, User-Tracking mit Google Analytics, dazu Login über Facebook oder Google, Marketing über TikTok, AdSense und Instagram – die Funktionalität, Professionalität, Bequemlichkeit oder auch der schiere Marktdruck der jeweiligen Angebote ist einfach zu groß.

Das Internet ist daher zunehmend zentralistisch organisiert, und zwar durch die Konzentration auf wenige Anbieter, die dann selbst zu Regulatoren werden bzw. effektiv mit staatlichen Regulatoren zusammenarbeiten können, während die Freiheit der frühen Zeit, alles selbst bzw. dezentral zu hosten, zwar weiterhin möglich bleibt, aber zunehmend zu einer bloß theoretischen wird. Die nächste Entwicklung scheint außerdem darin zu bestehen, dass das ehemals einheitliche globale Netz sich anhand der geopolitischen Blöcke in zunehmend regulierte Subnetze teilt, in denen die zentralen Diensteanbieter jeweils abhängig von den jeweiligen Regierungen repliziert werden. Mit Vorstößen wie dem der chinesischen Regierung, das TCP/IP-Protokoll zu ersetzen, wäre dann auch der letzte Baustein Geschichte, der maßgeblich zu Anonymität, Globalität und Dezentralität beigetragen hatte.

88. Wie dunkel ist es im Darknet? Und wie hell im Rest der Welt? Das Darknet ist ein Teil des Internets, der jenseits des World Wide Webs existiert, auf mehrfach verschlüsselten Verbindungen zwischen privaten Rechnern (Clients) basiert und in dem man sich (relativ) anonym bewegen kann. Zugang erhält man über den sogenannten TOR-Browser, der den Datenverkehr in kleine Stücke zerteilt und über mehrere Ebenen «verzwiebelt» (die Abkürzung TOR stand ursprünglich für «The Onion Router»), statt Daten direkt von A nach B zu transportieren.

Wer diesen Browser zum ersten Mal installiert, um nur kurz einen Blick in das berüchtigte Darknet zu werfen, wird schnell feststellen: Das Darknet ist ziemlich dunkel. Sich zu orientieren, ist auch für technisch versierte User nicht leicht: Es existieren keine aussagekräftigen URLs, statt Suchmaschinen gibt es lediglich Adresslisten und Seitenverzeichnisse, die schnell obsolet werden (oder es schon sind). Falls man dennoch die aktuelle Adresse einer Website ausfindig machen konnte, sind auch die verzwiebelungsbedingt langsamen Ladezeiten gewöhnungsbedürftig. Außerdem gibt es im Darknet keinerlei Sicherheit, dass das Gegenüber wirklich derjenige ist, für den es sich ausgibt. Derselbe Grad an Anonymität, den man beim Surfen im Darknet für sich selbst in Anspruch nimmt, gilt dort nämlich auch für alle anderen: User, Händler, Informationsanbieter und Plattformbetreiber.

Da sitzen wir vor unserem TOR und sind so klug als wie zuvor. In der öffentlichen Wahrnehmung ist das Darknet vor allem Schauplatz organisierter Kriminalität: Dort wird illegales Glücksspiel organisiert, dort ist die Wettmafia zu Hause. Es ist der digitale Umschlagplatz für den illegalen Drogen- und Waffenhandel, für Menschenhandel und Kinderpornographie. Wenn das Internet ein Spiegelbild der Menschheit ist, dann zeigen die Menschen erst im Darknet ihre ekelhaftesten Gesichtszüge. Wie viel Böses in der Menschheit, wie viel Böses im konkreten Menschen, wie viel Böses im Darknet steckt und welches Böse welches andere Böse befördert: Wir wissen es nicht.

Auch sind wir uns jetzt nicht mehr sicher, ob es überhaupt noch angebracht ist, die guten Seiten des Darknets hervorzuheben: Nicht alles, was im Darknet geschieht, ist illegal. Nicht alles, was mancherorts illegal ist, ist moralisch fragwürdig: Whistleblowing, unabhängiger Journalismus, Meinungsfreiheit und die Dokumentation von Kriegsverbrechen und Menschenrechtsverletzungen. Umso finsterer die eigene Wirklichkeit ist, umso mehr ist eine anonyme, verschlüsselte und sichere digitale Infrastruktur ein Lichtblick. Menschen u. a. in Syrien, im Irak, in Afghanistan und in China (teilweise auch in den USA und in Europa) riskieren ihre Gesundheit, ihre Freiheit und ihr Leben dafür, im Darknet Informationen mit «uns» zu teilen, obgleich viele von «uns» das Darknet aus den genannten Gründen am liebsten komplett verbieten würden.

Der Sprecher des Chaos Computer Clubs, Linus Neumann, sagte im Juli 2016 gegenüber Spiegel Online: «Das Darknet ist das Internet, wie man es sich eigentlich wünschen würde. Ein Netz ohne Zensur und Überwachung, mit all seinen Vor- und Nachteilen.» Ist das Darknet also der unabhängige Cyberspace, von dem John Perry Barlow träumte? So ähnlich argumentierte auch Ross Ulbricht, als er 2011 die (bis 2013 aktive) Plattform Silk Road im Darknet gründete, welche sich schnell als bekanntester Schwarzmarkt für illegale Aktivitäten etablierte. Ulbricht wurde 2013 festgenommen und später von US-Gerichten zu lebenslanger Haft verurteilt. In seiner Verteidigung führte er aus, dass Silk Road für ihn lediglich Ausdruck unserer Rechte als Menschen sei, sich nichts und niemandem unterwerfen zu müssen. Auch ohne zu unterstellen, dass Ulbricht aus rein ideologischen Gründen die wichtigste Darknet-Plattform für den illegalen Drogen- und Waffenhandel betrieben (und einige Millionen Dollar Provision eingenommen) hat, kann man anerkennen, dass sein Glaube an einen radikal freien Markt (ein sogenannter Anarcho-Kapitalismus) durchaus eine Rolle spielte: ein Netz ohne Zensur und Überwachung; ein Netz, in dem alles erlaubt ist; ein unabhängiger Cyberspace, in dem man in Ruhe gelassen wird, von den müden Giganten aus Fleisch und Stahl.

Digitale Lebenswelt

89. Werden Quantencomputer Ihren Alltag verändern? Angesichts dessen, wie sehr sich die Quantentheorie unseren physikalischen Alltagsintuitionen widersetzt, war es eine ziemlich geniale Idee, die Charakteristika von Quantenzuständen für Rechenprozesse auszunutzen. Dafür werden sogenannte Qubits konstruiert, die ähnlich wie normale Bits binäre Zustände speichern. Dadurch aber, dass sie (nach dem sogenannten Superpositionsprinzip) gleichzeitig zwei verschiedene Zustände annehmen können, weisen sie eine größere Komplexität auf. Die Kombination selbst weniger Qubits ergibt dabei eine enorme, exponentielle Steigerung der Rechenfähigkeiten im Unterschied zu der bloß linearen Steigerung bei herkömmlichen Bits. Die dabei konstruierten Systeme sind Turing-vollständig – und damit ab einer gewissen Abstraktionsstufe nichts anderes als herkömmliche Computer: Alles, was von diesen berechnet werden kann, kann auch von Quantencomputern berechnet werden, und umgekehrt. Nur gibt es eben Berechnungen, die Quantencomputer besonders zügig lösen können, während herkömmliche Rechner ein Weltalter benötigen würden.

Eine Sache, die ein Quantencomputer sehr viel besser kann als ein herkömmlicher Rechner, ist Faktorisierung, also das Zerlegen großer Zahlen in Produkte aus Primzahlen. Das ist hochrelevant für Verschlüsselungsverfahren wie z. B. RSA, mit dem ein großer Teil der heutigen Kommunikation und viele sensible Datenbestände verschlüsselt werden. In weiser Voraussicht arbeitet man deswegen bereits an einer «Post-Quantum-Cryptography»: d.h. an Verschlüsselungsverfahren, die mathematisch so angelegt sind, dass sie die spezifischen Vorteile von Quantencomputern negieren.

Neue Verfahren helfen allerdings nicht bei Daten, die bereits in der Vergangenheit verschlüsselt wurden. Quantencomputing kann daher alte Datenhalden wieder zum Leben erwecken und macht es in bestimmten Kontexten strategisch interessant, auch verschlüsselte Daten großflächig abzugreifen und wie Leichen in Cryotanks aufzuheben – für den Fall, dass künftige Technologien deren Wiederbelebung bzw. Entschlüsselung erlauben. Wie bei den tiefgefrorenen Menschen muss man aber erst einmal sehen, ob es so weit kommt. Beim Quantencomputing wird, wie bei allen neuen, zumal buzzwordbehafteten Technologien, gerne fröhlich in die Zukunft extrapoliert. Bei dieser Technologie sind die meisten erstklassigen Wissenschaftler aber deutlich skeptischer als z. B. bei KI oder Blockchain. Bis zu einem ausreichend mächtigen Quantencomputer mag es noch sehr lange dauern. Das liegt unter anderem an der ungeheuren Schwierigkeit, die Indeterminiertheit von Quantensystemen unter Kontrolle zu halten.

Gerade weil sie aber so schwer zu konstruieren sind, scheint eines klar: Wir werden auch nach den geplanten wissenschaftlichen Durchbrüchen (Quantensprüngen?) wohl keine Medion-Quantencomputer bei Aldi kaufen können. Quantencomputing wird aufgrund der komplexen nötigen Maschinerie zentralisiert bleiben. Das heißt: Nur wenige teure Quantencomputer werden in gut ausgestatteten Rechenzentren stehen, deren Rechenzeit dann für ein paar Millisekunden gemietet werden kann. Das wirkt dann ein bisschen wie ein Rückschritt zu den Mainframes der 1970er. Wenn Quantencomputing für bestimmte Alltagsbereiche wesentlich werden sollte, dann gewänne auch die Abhängigkeit von deren Anbietern einen zwingenden Charakter. Derartige Abhängigkeiten haben freilich schon in den letzten Jahren mit Clouds, Webinterfaces, App-Stores und komplexen KI-Modellen sukzessive zugenommen. Die Zeit der «personal computer», in der jeder seine Berechnungen lokal verrichtet, wird vielleicht nur ein vorübergehendes computerhistorisches Zwischenspiel gewesen sein (das natürlich auch energetisch nicht maximal effizient war).

90. Was ist eine Blockchain? Blockchain funktioniert wie das Endlospapier, das bis in die 1990er durch die Nadeldrucker in deutschen Büros ratterte. (Wenn Ihnen das nichts mehr sagt: Stellen Sie sich einfach eine Rolle Toilettenpapier vor.) Ein Schatzmeister, der die Vereinskasse abrechnet, könnte jede Transaktion (Datum, Betrag, Zahlungsempfänger, Verwendungszweck) auf ein eigenes Blatt (= einen «Block») drucken, das sich wiederum an einer fixen Position im Endlospapier (= in einer «Kette» von Blöcken) befindet. Zur Jahreshauptversammlung bringt er das Endlospapier mit, sodass alle Vereinsmitglieder alle Ausgaben überprüfen können. Ist das System fälschungssicher? Relativ. Der Vorstand kann nicht einfach ein Blatt herausnehmen, weil er den Champagner zu seinem Geburtstag auf Vereinskosten abgerechnet hat. Um dies zu vertuschen, müsste er schon das ganze Endlospapier durch ein manipuliertes ersetzen.

Ein Verfahren namens Distributed Ledger (engl. «verteilte Kassenbücher») würde auch diese Verheimlichungsaktion erschweren: Statt nur bei sich selbst zu drucken, könnte der Schatzmeister jede Transaktion parallel auf den Druckern aller Vereinsmitglieder ausdrucken. Zur Kassenprüfung bringen alle ihr eigenes Endlospapier mit und kontrollieren, ob alle Blätter identisch sind. Um eine Champagnerflasche zu vertuschen, müsste man nun schon in die Wohnung aller Mitglieder einbrechen. Dieses Verfahren der dezentralen Speicherung funktioniert auch und vor allem digital – und ist wesentlich für Blockchain: Statt einer zentralen Datenbank wird eine Datei (= die Blockchain) auf sehr vielen Rechnern gleichzeitig gespeichert und aktualisiert. Vertrauen in die gespeicherten Informationen bringt man nicht einer einzelnen Institution entgegen, sondern der Gesamtheit aller User, d. h. man vertraut darauf, dass niemand alle identischen Kopien der Blockchain auf unzähligen Rechnern fälschen kann. Entsprechend wird Blockchain vor allem dort eingesetzt, wo Vertrauen notwendig ist, aber eine zentrale Autorität fehlt, der man solches Vertrauen entgegenbringen würde: etwa in der Logistik und in der Qualitätssicherung, z. B. um Produktpiraterie oder Medikamentenfälschungen durch digitale Echtheitszertifikate zu unterbinden. Die am weitesten verbreitete Anwendung sind Kryptowährungen. Anders als traditionelle Währungen werden diese nicht von einer Zentralbank, sondern auf einer Blockchain verwaltet. Beim Bitcoin ist dies eine einzige Textdatei, die inzwischen 412 Gigabyte groß ist (Stand: Juni 2022) und auf Millionen Rechnern weltweit in identischer Kopie gespeichert und aktualisiert wird.

Damit ein Distributed Ledger möglichst fälschungssicher ist, müssen zwei weitere Bedingungen erfüllt sein: (1) User sollten motiviert werden, identische Kopien der Blockchain fortzuschreiben: Je mehr Mitglieder die Vereinskasse auf Endlospapier drucken, desto schwieriger wird es, die Kassenprüfung zu manipulieren. Daher könnte man ihnen z. B. die Kosten für Drucker und Papier ersetzen. Oder man organisiert für jede Transaktion eine Tombola, bei der ein zufälliges Mitglied einen Preis (eine kleine Flasche Champagner?) gewinnt. Letzteres machen die Kryptowährungen, indem sie pro Transaktion einen kleinen Anteil an die sogenannten Crypto-Miner ausschütten, die Rechenleistung zur Verfügung stellen, um Transaktionen aufzuzeichnen, zu verifizieren und zu verbuchen. (2) Die Kopien der Blockchain selbst sollten fälschungssicher sein. Wenn die erste Seite (oder gar jedes Blatt) des Endlospapiers von jedem Vereinsmitglied unterschrieben wird, dann müsste der Vorstand nicht nur in alle Wohnungen einbrechen, sondern auch noch jedes Mal alle Unterschriften aller Mitglieder fälschen. Gleichzeitig wäre so sichergestellt, dass kein Dritter ein paar Stapel Endlospapier zur Versammlung mitbringt und behauptet, seine Papiere seien die echte Blockchain, die anderen nur eine Fälschung. Weiter könnte man jeweils noch einen eindeutigen und verifizierbaren Wert (einen sog. Hash) aufdrucken, der sich aus den Transaktionsdaten und dem Geburtsdatum des Tombola-Gewinners berechnet. Kryptowährungen heißen so, weil dieser Hash noch zusätzlich kryptographisch verschlüsselt wird, sodass er nicht zurückgerechnet werden kann. Außerdem begnügen sich Blockchain-Anwendungen nicht mit einem einfachen Hash, sondern setzten auf Hash-Bäume (sog. «merkle trees»), die den Hash in einzelne Zeichen aufspalten und «weiterverhashen», sodass der endgültige Hash noch schwieriger zu entschlüsseln ist.

91. Wird Blockchain den gesellschaftlichen Alltag verändern? 40 Millionen Menschen besitzen weltweit ein Bitcoin-Wallet (Stand: März 2022), und neben Bitcoin sind auch andere auf Blockchain basierende Kryptowährungen wie Ethereum für Investoren und manche Kleinanleger inzwischen interessant geworden. Regierungen versuchen, Regulierungen für den Handel und für kryptobasierte Finanztransaktionen zu finden. Anders als häufig angenommen sind Kryptowährungen vollkommen transparent: Dahingehend sind sie der Traum jeder Strafverfolgungsbehörde im Kampf gegen organisierte Kriminalität: Es gibt eine Blockchain, in der jede Transaktion vollständig gespeichert ist und die jeder jederzeit einsehen kann. Anonymität gibt es bei Kryptowährungen nur insofern, als man sich hinter einer Online-Identität verstecken kann, also solange man sich das Geld nicht auf ein echtes Bankkonto auszahlen will (oder vom echten Bankkonto aus in Bitcoin investiert).

Das Crypto-Mining (und alle Blockchain-Anwendungen) sind jedoch vor allem eines: sehr rechenzeitintensiv. Da viele User an der Verifikation und Verbuchung einer Transaktion verdienen wollen, ist für die Teilnahme an der «Tombola» (→ 90) ein sogenannter «proof of work» Voraussetzung, der dadurch erbracht wird, dass ein Rechner komplexe mathematische Probleme berechnet. Während dies zu Anfangszeiten von Bitcoin noch auf einem handelsüblichen Computer geschehen konnte, benötigt man inzwischen Hochleistungs-Grafikkartenprozessoren, die dafür hergestellt werden, immer wieder die gleichen Berechnungen durchzuführen. Diese verbrauchen jedoch Strom. Viel Strom. Geschätzte 0,6 % des weltweiten Stromverbrauchs sind angesichts der zu erwartenden Klimakatastrophe beunruhigend viel für ein gehyptes Verfahren, das manchen als «ewiges Talent» der Digitalisierung gilt und anderen zufolge schon bald alle großen Probleme der Menschheit lösen wird.

92. Was bringt ein Backofen mit Internetanbindung?

Wer eine neue Küche kauft, kommt kaum noch an Smart-Home-Geräten vorbei. Paradoxerweise produzieren manche namhaften Hersteller nur deshalb noch (bzw. wieder) Geschirrspüler und Backöfen ohne W-Lan-Anbindung, weil es Lieferengpässe bei Halbleiter-Chips aus China gibt. Ältere Modelle ohne «smarte» Funktionen werden zunehmend aus dem Handel verdrängt. Auch hier zeigt sich, dass die manchmal suggerierte Wahlfreiheit trügerisch ist: Selbst wenn ich mich theoretisch für einen «dummen» Backofen entscheiden kann, nützt mir das nichts, wenn es ihn praktisch nicht mehr gibt. Statt Gefahren smarter Küchengeräte aufzuzählen, lohnt es sich, die Frage einfach umzudrehen: Warum muss ein Backofen überhaupt ins Internet? Technikkritik ist allzu häufig in der Bringschuld: Funktionen und Apps werden als Innovation gefeiert. Erst wenn Einwände geltend gemacht werden, wird über Gefahren und Risiken debattiert. Wünschenswert wäre es, wenn Unternehmen in der Bringschuld wären: Wenn sie vorab rechtfertigen müssten, welchen Nutzen ihre (digitalen) Produkte bieten, wäre das auch und vor allem im Interesse wirklicher Innovation. Abgesehen von der eher philosophischen Frage, was man unter technischem Fortschritt zu verstehen hat (→ 16), tut sich auch ein Verteilungsproblem auf: Zur Herstellung von W-Lan-Controllern braucht man Seltene Erden, und diese bergen nicht nur riesige Umweltprobleme, sondern werden, nun ja, immer seltener. Müsste es daher nicht im Interesse der Menschheit sein, W-Lan-Controller nur für sinnvolle Anwendungen zu verbauen?

Zumindest uns fällt kein sinnvolles Szenario ein, in dem wir die Restlaufzeit des Geschirrspülers von unterwegs per Smartphone abfragen oder Kochrezepte per Bluetooth am Backofendisplay anzeigen lassen wollen würden. Der Aufwand, um das W-Lan-Passwort aus den Unterlagen zu kramen, eine App zu installieren und ein Nutzerkonto einzurichten, steht oft in keinem Verhältnis zum Komfortgewinn. Was vielen als Komfortgewinn erscheint, ist in den Nutzungsbedingungen des Backofens oder Geschirrspüler häufig sogar explizit untersagt: Die meisten Versicherungen würden im Brand- oder Überschwemmungsfall nämlich denjenigen wohl auch grobe Fahrlässigkeit unterstellen (und die Zahlung verweigern), die solche Geräte in Abwesenheit betreiben.

Was bringt also ein Backofen mit Internetanbindung? Durch «smarte» Funktionen werden Geräte nicht günstiger, viele Kunden sind bereit, extra dafür zu bezahlen. Tatsächlich werden sie nicht selten von Ehemännern angefragt, die ihre Partnerin zu Hause überwachen wollen. (Ja, das ist ein Klischee. Ändert leider nichts daran, dass es stimmt.) Sie erfahren schon auf dem Heimweg, was es zum Abendessen gibt, und wundern sich vielleicht, warum immer gerade dann ein Drei-Gänge-Menü zubereitet wird, wenn sie auf Geschäftsreise sind. Beziehungskonflikte sind genauso vorprogrammiert wie das Rezept für hauchzartes Wildragout aus dem Römertopf.

93. Was ist Cloud Computing? Angenommen, mein Computer wäre zu langsam, um 156 130,718 + 4561,513 zusammenzuzählen. Ich könnte die Aufgabe an einen Server schicken, der darauf optimiert wurde, Additionen zu berechnen. Dieser sendet das Ergebnis zurück auf meinen Bildschirm. Für mich sieht es so aus, als ob mein Computer das selbst berechnet hätte. Das ist das Prinzip von Cloud Computing. Glücklicherweise ist mein Computer schnell genug, um zwei Zahlen zu addieren. Aber um Rechenaufgaben zu lösen, wie sie etwa für das Trainieren von neuronalen Netzen erforderlich sind, reichen gewöhnliche Rechner kaum noch aus. Cloud Computing wird inzwischen fast überall eingesetzt, wo komplexe Berechnungen durchgeführt werden.

Selbst viele Computerspiele setzen inzwischen darauf (weil Grafikberechnung ähnlich komplex ist wie das Trainieren eines neuronalen Netzes), und zwar sogar in Echtzeit: Sie drücken den «Schießen»-Knopf auf ihrem PC, der PC sendet ein Signal in die Cloud, dort wird das nächste Bild ausgerechnet, an Ihren PC zurückgesendet, und auf Ihrem Bildschirm sieht es so aus, als hätte Ihr Computer das Bild selbst ermittelt.

Eine Cloudumgebung ist ein Verbund von Servern, an den bestimmte Aspekte der Arbeit mit dem eigenen Computer ausgelagert werden. Viele Unternehmen und sogar private Haushalte betreiben ihre eigene Cloud, etwa um Dokumente synchron von mehreren Rechnern bearbeiten zu können oder als Backup-System für wichtige Daten. Die leistungsstärksten Angebote für Cloudlösungen stammen von kommerziellen Drittanbietern, v. a. von Google, Amazon/AWS und Microsoft Azure. Mit höheren Datenübertragungsgeschwindigkeiten und der Konzentrierung auf wenige Gigawatt-Rechenzentren setzen sich auch Streamingdienste und das Cloud-Modell «Software as a Service» immer weiter durch: Privatnutzer kaufen häufig keine Software, keine MP3s, keine Filme, keine eBooks, sondern sie mieten sich den Zugang zur Cloud, wo Textdokumente, Fotos und Musiksammlungen zentral verwaltet und typischerweise auch Backups erstellt werden; die Cloud sorgt dafür, dass sie von mehreren Geräten (PC, Laptop, Smartphone, Tablet etc.) gleichzeitig auf die aktuellste Version zugreifen und diese bearbeiten können, ohne dass ein Gerät mehr Rechenleistung und Speicherplatz aufbringen müsste als für einen aktuellen Webbrowser erforderlich. Für viele Nutzer ist das so bequem, dass sie inzwischen gar nicht mehr wissen, wo genau ihre Dokumente und Fotos gespeichert werden. Sie freuen sich aber, dass jedes am Handy geknipste Bild sofort auf dem Tablet erscheint. Proprietäre Betriebssysteme haben ihr jeweiliges Cloudsystem standardmäßig installiert, und es ist auch für fortgeschrittene User müßig, alle voreingestellten Verbindungen zu OneDrive (Microsoft Windows), GoogleDrive (Android) oder iCloud (Apple) zu kappen.

Was für Nutzer eine Bequemlichkeit darstellt, ist für Unternehmen (insbesondere viele Startups) Effizienz und Skalierbarkeit: Statt zeit- und kostenaufwändig Kalender, Kundendatenbanken, Excellisten, Stellenausschreibungen etc. auf eigenen Servern (oder gar einzelnen Rechnern) zu verwalten und regelmäßige Sicherheitsupdates auf den einzelnen PCs einzuspielen (und dabei den auch rechtlich hohen Anforderungen an Datenschutz und -sicherheit zu genügen), werden derlei Dienste häufig an externe Anbieter ausgelagert. Mitarbeiter benötigen nur noch einen Browser und Zugang zur jeweiligen Business-Suite (zumeist von Google oder Microsoft). Auf Mitarbeiter-Rechnern können keine Daten verloren gehen, da dort überhaupt keine mehr gespeichert werden. Keine weiteren verzweifelten Versuche, nach einem Serverausfall schnell den einzigen Backup-Server kurzfristig hochzufahren, da im Keller gar keine Server mehr stehen (und die Cloudanbieter auch das Backup-System automatisieren).

Ende 2020 hat z. B. auch die Deutsche Bahn ihr eigenes Rechenzentrum mit 8000 Servern in Berlin-Mahlsdorf aufgegeben (zu dem Zeitpunkt war es eines der größten in Deutschland) und lässt stattdessen alle Daten aus dem Zugverkehr, Ticketverkäufen, Kundenanfragen, Websites, Apps etc. inzwischen über Amazons AWS und Microsofts Azure abwickeln. Wie so oft in der Digitalisierung entstehen dabei Abhängigkeiten und manifesten sich Machtstrukturen zugunsten der großen Tech-Konzerne: Wer im 19. Jahrhundert am Klondike-Goldrausch mitverdienen wollte, war besser beraten, nicht selbst auf die mühsame Goldsuche zu gehen, sondern den Goldsuchern die nötige Ausrüstung feilzubieten. Werkzeug zu verkaufen ist längerfristig aber weniger lukrativ, als es zu vermieten – insbesondere, wenn es nur wenige Anbieter gibt, wenn die Ausrüstung für Kunden existentiell erscheint und so sehr an ihre Bedürfnisse angepasst wird, dass sie so schnell nicht mehr auf eine andere umsteigen können. Vor diesem Hintergrund ist das europäische Großprojekt Gaia-X entstanden, das seit 2019 unter Beteiligung zahlreicher europäischer Großkonzerne versucht, eine von den amerikanischen Tech-Konzernen unabhängige Cloud-Infrastruktur aufzubauen. Ja, mit welchen Aussichten auf Erfolg?

94. Sollte die Corona-Tracing-App Pflicht sein? Für ein Urteil muss man zwischen Tracing und Tracking differenzieren. Das kleine «k» macht nämlich einen großen Unterschied: Tracking ist die Verfolgung in Echtzeit, Tracing die retrospektive Nachverfolgung im Bedarfsfall. Beide Begriffe kommen aus der Logistik: Wer ein Paket erwartet, kann live verfolgen, an welcher Zwischenstation es zuletzt gescannt wurde und wo sich das Zustellfahrzeug befindet. Das Paket wird «getrackt». Wenn es verloren geht, lässt sich nachvollziehen, wo und wann. Alternativ könnte man Pakete «tracen»: Jede Station könnte eine Liste aller Pakete führen, die an einem Tag bearbeitet werden. Man sieht nicht, wo sich ein Paket aktuell befindet. Wenn es verloren geht, kann man aber alle Stationen anfragen, ob das Paket dort verarbeitet wurde, um den Verlust nachzuvollziehen.

Auf Covid-19 übertragen: Eine Tracking-App sendet Bewegungsprofile (Geo-Daten) aller Nutzer in Echtzeit an einen Server zur Speicherung. Prinzipiell kann so jederzeit verfolgt werden, wer sich wann wo aufgehalten hat. Diese Information kann mit den Bewegungsprofilen anderer Nutzer abgeglichen werden, um herauszufinden, wer mit wem Kontakt hatte. Selbstverständlich wäre der Zugriff auf Bewegungsprofile auf autorisierte Stellen (z. B. Gesundheitsämter) beschränkt und der Missbrauch gesetzlich untersagt. Es würden aber sensible persönliche Daten zentral gespeichert und ausgewertet, sodass deren Missbrauch praktisch kaum auszuschließen ist. Viele Apps zur Covid-Kontaktnachverfolgung sind aber keine Tracking-Apps, sondern eben: Tracing-Apps.

Beim Tracing werden keine Bewegungsprofile zentral gespeichert, sondern jedes Endgerät speichert dezentral eine nicht nachverfolgbare ID derjenigen Geräte, die sich im unmittelbaren Umfeld befinden. Wenn ein Nutzer positiv getestet wird, kann er sein Testergebnis in die App eintragen. Über das Internet werden alle anderen Nutzer «angefragt», ob das Endgerät des positiv Getesteten in der Liste gespeichert ist, und falls ja, erhalten diese eine Benachrichtigung mitsamt Empfehlung, sich testen zu lassen. Es werden keine Bewegungsprofile an einen zentralen Server gesendet. Auch eine Tracing-App ist nicht unproblematisch, und zwar u. a. deshalb, weil die Nutzer gezwungen sind, Bluetooth und GPS jederzeit eingeschaltet zu haben, und weil es außerhalb ihrer Kontrolle liegt, welche Daten das Smartphone so verarbeitet. Der Nutzen aber ist moralisch wünschenswert: Breitflächig eingesetzt kann eine Tracing-App Personen vor einer möglichen Covid-Infektion warnen.

Ob eine solche App verpflichtend sein sollte, hat – wie viele ethische Fragen – mehrere Dimensionen: Einerseits geht es darum, ob es moralisch richtig wäre, dass alle Menschen sie benutzen. Andererseits, ob dies eine politisch vernünftige Forderung ist und sie vom Gesetzgeber vorgeschrieben werden kann. Diese zweite Frage ist allerdings suggestiv: Den Zugang zu Veranstaltungen, Restaurants etc. an eine App zu knüpfen, macht ein (relativ neues) Smartphone zur Voraussetzung, um am gesellschaftlichen Leben teilzuhaben. Erstens sind aber sowohl Smartphones als auch die dafür notwendigen Kenntnisse gerade in der von der Pandemie besonders betroffenen älteren Generation nicht flächendeckend verbreitet. Zweitens sind Anschaffung und Unterhalt teuer genug, um einkommensschwachen Personen gesellschaftliche Teilhabe noch weiter zu erschweren. Drittens gibt es gute prinzipielle Gründe, auf ein Smartphone zu verzichten. Wer ein Smartphone besitzt und regelmäßig verwendet, erhöht durch eine Corona-Tracing-App allerdings kaum sein persönliches Risiko eines Datenmissbrauchs. Daher könnte es ein moralisches Gebot sein, sie zumindest dann zu installieren, wenn man ohnehin ein Smartphone benutzt. Der wünschenswerte Nutzen einer Tracing-App ergibt sich nämlich nur, wenn sie breitflächig eingesetzt wird.

Wer keine Corona-Tracing-App auf einem Smartphone installieren möchte, sollte sich zumindest fragen, warum. Allzu oft werden bereitwillig Bewegungsprofile und andere persönlichen

Informationen an große Tech-Konzerne zur Speicherung, Verarbeitung und Auswertung zu Werbezwecken weitergegeben. Entsprechend unaufrichtig ist es, wenn Datenschutz nur dann ein Argument ist, sobald es darum geht, die von einem demokratischen Rechtsstaat zur Bekämpfung einer weltweiten Pandemie bereitgestellte App (die, wie oben dargestellt, keine Tracking-Funktion besitzt) zu installieren.

95. Würden Sie sich einen Mikrochip implantieren lassen? Vermutlich würde dieser auf «radio-frequency identification» (kurz: RFID) basieren. Bei dieser Technik werden elektromagnetische Wellen genutzt, um in der Nähe befindliche Objekte ohne Berührung identifizieren und lokalisieren zu können. Ein sogenannter Transponder enthält dabei eine eindeutige Kennung, die von einem Lesegerät erfasst werden kann. Sogenannte passive Transponder benötigen dafür keine eigene Stromquelle, sondern beziehen ihren Strom aus den Funksignalen des Lesegeräts. RFID ist schon seit den 1970ern verbreitet, doch durch immer kleinere und günstigere Transponder erschließen sich in jüngster Zeit immer neue Einsatzgebiete. Kontaktloses Bezahlen mit der Bankkarte (NFC, «near field communcation») basiert auf RFID. Zugangskarten, Mülltonnen, Fahrzeuge, Haus- und Nutztiere, beinahe alles ist heutzutage derart «gechippt». Dank entsprechender Lesegeräte kann jede Mülltonnenleerung genau registriert und jede Hoteltüre nur mit der richtigen Zugangskarte geöffnet werden. Tiere lassen sich eindeutig identifizieren, um sie über eine entsprechende Datenbank ihren Haltern zuzuordnen. Transponder sind inzwischen fast unsichtbar klein, aber aus vielen Bereichen des Alltags nicht mehr wegzudenken.

Technisch und medizinisch ist es keine große Sache, einen RFID-Chip zu implantieren, und doch geht diese Frage vielen ,Menschen unter die Haut. Abgesehen von medizinischen Bedenken (die Wunde könnte sich entzünden und der Chip im Körper korrodieren) funktioniert ein implantierter Mikrochip aber nicht viel anders als ein Ausweisdokument (auch Reisepässe und Personalausweise sind längst mit RFID-Chips ausgestattet) oder eine Schlüsselkarte, die man nicht (so einfach) verlieren oder vergessen kann. Und genau so werden sie in einigen Unternehmen und Privathaushalten auch schon (freiwillig) eingesetzt. Die Vorstellung, dass jeder Mensch «gechippt» wird, ist aber auch deshalb so abschreckend, weil sie ein wichtiges Motiv in totalitären Überwachungsdystopien sind. Praktisch würde sich aber ein totalitäres Regime in Zukunft wohl kaum noch die Mühe machen, Millionen von Mikrochips zu implantieren, um alle und alles lückenlos zu überwachen und den Zugang zu bestimmten Arealen zu regeln. Biometrische Daten sind deutlich leichter abzugreifen und dazu noch fälschungssicherer: Helden können sich so nicht einmal mehr den Mikrochip herausreißen. Und das wäre wohl mindestens genauso unheimlich.

96. Wie unterscheiden sich NFTs von Briefmarken? Unsere soziale Welt ist konstruiert. Nichts hat einen Wert an sich. Dinge erhalten ihren Wert dadurch, dass Menschen ihnen Wert zusprechen. Man muss kein radikaler Konstruktivist sein, um dieser These etwas abzugewinnen. Briefmarken sind an sich wertlose Papierschnipsel, die einen Geldwert symbolisieren. Jeder kann eine Zahl auf einen bunten Zettel drucken, das ist nicht besonders schwer. Wertvoll sind Briefmarken nur, wenn ich darauf vertrauen kann, sie jederzeit gegen die Dienstleistung eintauschen zu können, Post von A nach B zu transportieren. Das ist der Unterschied zu anderen Papierschnipseln.

Obwohl Philatelie nur noch ein anachronistisches Altherren-Klischee darstellt (liebevoll frankierte Protestbriefe empörter Briefmarkensammler bitte an: Verlag C.H.Beck, Lektorat LSW), gibt es Tauschbörsen, Messen, Auktionen und auf Briefmarken spezialisierte Händler, die wertlose Papierschnipsel für mehr Geld verkaufen, als viele Familien im Monat ausgeben können. Ist es verwerflich, Geld in Dinge zu investieren, die keinen Zweck haben, außer gesammelt zu werden? Ich habe schon fast alles (außer Briefmarken) gesammelt: Münzen, Bierdeckel, Schallplatten, Ü-Eier-Figuren. Mein Pauken Pauli von den Top Ten Teddies ist aus einem einzigen Grund heute besonders wertvoll: Ich besitze einen, meine Frau nicht. Und weil niemand sonst (in unserer Wohnung) einen Pauken Pauli besitzt und viele Menschen (in unserer Wohnung) gerne einen besitzen würden, darf ich mich (in unserer Wohnung) wohl ähnlich stolz fühlen wie Sina Estavi, der am 22. März 2021 den weltweit ersten Tweet «just setting up my twttr» von Twitter-Mitgründer Jack Dorsey für umgerechnet zweieinhalb Millionen Euro als Non-Fungible Token (NFT) gekauft hat.

Dem Namen nach ist ein NFT also ein nicht ersetzbares, eindeutiges (digitales) Objekt. Ein paar Zeichen also, die auf einer Blockchain gespeichert sind und daher nicht verändert werden können. Im Grunde genommen kann jeder der Blockchain ein paar Zeichen hinzufügen, die manchmal auf ein reales Objekt verweisen (manchmal auch nicht), und das Eigentum an diesen Zeichen (das dann ebenfalls in der Blockchain festgehalten wird) verkaufen. NFTs sind Sammler- und Spekulationsobjekte, Geldanlagen, Statussymbole – und damit auch anfällig für Nepp und Betrug.

Ist der gegenwärtige Hype um NFTs nur heiße Luft? Die Reality-Künstlerin Stephanie Matto machte ihr Vermögen damit, für zahlungswillige Kunden und Investoren in Einmachgläser zu furzen. Preis: Bis zu 200 000 Dollar je Glas. Warum haben eingemachte Furze es mehr verdient, gesammelt zu werden, als NFTs? Matto bekam schließlich gesundheitliche Probleme und vermarktete auf ärztlichen Rat ihre eingemachten Furze deshalb als NFT. Erfolgreich. Ist ein NFT eines Furzes im Einmachglas ein sinnvolleres Sammlerstück als ein echter? Warum tun wir es nicht Matto gleich, wenn dieses Business so lächerlich einfach erscheint? Sich darüber zu empören, dass Menschen für viel Geld ein NFT ihr Eigen nennen wollen, ist kaum verschieden davon, sich darüber zu empören, dass Menschen viel Geld für ein Picasso-Gemälde, einen Pauken Pauli oder eine Blaue Mauritius ausgeben.

Ein paar Unterschiede zwischen NFTs und Briefmarken gibt es aber: NFTs sind digitale Objekte. Zu behaupten, dass jemand ebensolche «besitzt» oder Eigentum an ihnen erwirbt, ist mindestens merkwürdig. Anders als eine Briefmarke kann man ein NFT nicht anfassen, ins Album kleben, vergraben, verbrennen oder aufessen. Ein NFT (so es denn existiert) ist immer da, und alle haben stets dieselben Möglichkeiten, über die Blockchain darauf zuzugreifen. Das Eigentum bietet dem Eigentümer keinen Mehrwert außer dem Wissen, Eigentümer zu sein.

Anders als eine Briefmarke ist ein NFT qua Design nicht ersetzbar. Weltweit gibt es zwölf Blaue Mauritius und zig Millionen 85-Cent-Marken mit Taubenmotiv, und welche davon im Sammelalbum klebt, spielt keine Rolle, solange sie in ausgezeichnetem Zustand ist, dort also u. a. nicht im wörtlichen Sinne klebt. Dagegen ist jedes NFT (so es denn existiert) ein Unikat. Dies ist paradox, denn im Digitalen gibt es – anders als in der realen Welt, wo 103,4 Millionen Dollar für einen echten Picasso ausgegeben werden, u. a. deshalb, weil dieser einmalig ist – keine Individualität. NFTs sind ein bemerkenswerter Versuch, via Blockchain Individualität in der Universalität zu konstruieren, und erscheinen vor allem jenen als besonders wertvoll, die gerne vorgeben, die Individualität der Realität gegen die Universalität des Virtuellen austauschen zu wollen.

97. Sollten Pädophile ihre Neigung an kindlich wirkenden Sexrobotern ausleben dürfen? Da Roboter anders als Menschen stets nur Objekte sind, eignen sie sich zur Erfüllung all jener (sexuellen) Gewalt- und Unterdrückungsfantasien, die auf der Objektifizierung des Anderen basieren. Für lebensechte Sexroboter gibt es längst einen riesigen Markt (und gar entsprechende Bordelle), und sie werfen genau deshalb einige soziale und ethische Probleme auf, z. B.: warum elektronische Silikonpuppen fast ausschließlich Frauen aus den schäbigsten Pornostreifen nachempfunden werden. Besonders heikel wird es beim Thema Pädophilie, wo der Gedanke naheliegt, Sexroboter wie Kinder aussehen zu lassen, sodass Pädophile ihre sexuelle Identität ausleben können, ohne einen sexuellen Missbrauch zu begehen. Dem lässt sich entgegenhalten, dass solche täuschend echten Simulationen die Tendenz haben, das Thema Pädophilie salonfähig zu machen, den Trieb potentieller Straftäter gar noch zu verstärken und dabei die Hemmschwelle zu senken, eine echte Vergewaltigung zu begehen. Dies erinnert an die Diskussion um Ego-Shooter und andere Computerspiele mit Gewaltinhalten, wenngleich die Pädophilie-Frage ungleich emotionaler und komplexer ist. Im Kern handelt es sich hier um das berühmte kantische Argument gegen die Misshandlung von Tieren, nur auf Sexpuppen und Roboter übertragen: Ähnlich wie Tiere (laut Kant, wohlgemerkt) haben technische Artefakte keine moralischen Rechte; ihnen Gewalt anzutun, führt aber zur Verrohung der eigenen Sitten und ist aus diesem Grund (und nur aus diesem) zu verurteilen. Ob das richtig ist, kann man pauschal nicht sagen. Es gibt vielversprechende Therapieansätze mit Sexrobotern, und trotzdem lässt sich ein gewisses Unbehagen bei dem Thema nicht von der Hand weisen.

98. Was ist das Uncanny Valley? Wenn Roboter bald immer menschenähnlicher aussehen und sich ebenso verhalten, könnte man glauben, dass Menschen immer mehr geneigt sind, diese als Vertraute zu akzeptieren. Dass diese plausibel scheinende Annahme nicht zutrifft, hat der japanische Robotiker Masahiro Mori in den 1970er Jahren beobachtet. Das zugehörige Phänomen nannte er Uncanny Valley («unheimliches Tal» oder «Akzeptanzlücke»). Zwar hat der Grad der Anthropomorphisierung durchaus Einfluss darauf, wie niedlich oder vertrauenswürdig ein nichtmenschliches Gegenüber eingeschätzt wird, sei es der Online-Avatar im Kundengespräch oder der soziale Roboter im Einsatz in der Alten- oder Kinderbetreuung. Jedoch ist das Verhältnis nicht direkt proportional. Im Gegenteil: Die anfängliche Begeisterung schlägt ab einem gewissen Anthropomorphisierungsgrad in Abscheu, Furcht oder Unbehagen um – ein Zeichen, das Menschen sich zwar gerne von Robotern assistieren lassen und mit diesen interagieren, aber nur deshalb, weil sie keine wirklichen Personen sind.

99. Mit wem treffen wir uns im Metaverse? Es ist genauso schön wie beängstigend, das selbst entscheiden zu dürfen. Wenn es ein Metaverse gibt, dann gibt es nämlich unzählig viele – und welches wir betreten wollen, liegt dann in erster Linie an uns. Der Science-Fiction-Autor Neil Stephenson hat den Begriff in seinem dystopischen Roman *Snow Crash* (1992) geprägt, wo er eine solche virtuelle Welt neben der Wirklichkeit bezeichnet, in der Menschen miteinander interagieren und die fast alle Bereiche menschlicher Erfahrung prägt. Auftrieb bekommen hat die Metaverse-Debatte aber erst, nachdem sich der Facebook-Konzern 2021 in Meta umbenannte und dessen Vorstand Mark Zuckerberg ankündigte, alsbald das Geschäft um virtuelle Welten aufzuwirbeln. Der Gedanke ist verführerisch: Einfach eine VR-Brille aufsetzen, sich in ein persistentes Universum einloggen und dort mit anderen Menschen (beziehungsweise deren Avataren) und Fantasiefiguren eine Welt zu erkunden, die zwar nur simuliert ist, aber so täuschend echt daherkommt, dass für das Gehirn Realität und Simulation verschwimmen. Bei Kühen funktioniert dies bereits: Das triste, enge Leben in der industriellen Massentierhaltung vergessen sie allzu gerne, wenn sie dank VR-Brille tagtäglich die Simulation einer endlos grünen Weide vor Augen haben, und liefern dafür einen signifikant höheren Milchertrag. Und so könnte man auch alle Ungleichheiten und Verteilungsungerechtigkeiten der Menschheit auf einmal beseitigen, indem man nur allen einen kostenlosen Metaverse-Zugang verschafft und allgemein erlaubt, den eigenen Avatar und seine Umwelt nach den eigenen Vorstellungen gestalten zu können. Bis Gerüche, Geschmäcker und andere feine Sinneswahrnehmungen täuschend echt simuliert werden können, ist es zwar technisch noch ein kleiner Weg, aber wer braucht solche Details, wenn man ansonsten in einer Welt ganz nach den eigenen Vorstellungen leben kann? Die Wirklichkeit hat das Feature, besonders zu sein. Was hier passiert, ist echt. Wir können

uns nicht ausloggen, ein anderes Programm abspulen, in ein anderes Szenario switchen oder die eigenen Worte und Taten reseten. Wir müssen uns dem stellen, was hier und jetzt ist, und können uns nicht (immer) aussuchen, auf wen wir treffen. Und schon gar nicht ist ein menschliches Gegenüber jemals perfekt. Wir müssen das Beste aus dem machen, was wir vorfinden. Das ist nicht immer einfach und für manche schwieriger als für andere. Begegnungen im Metaverse dagegen könnten für viele ganz neue (positive) Erfahrungen ermöglichen, daher muss hier auch nicht unbedingt die Dystopie vom Verlust der Wirklichkeit beschworen werden. Wie groß das Potential des Metaverse ist, oder ob es alsbald (wie das dereinst gehypte *Second Life*) in der Versenkung verschwindet, wird die Zukunft zeigen. Auch, wie viel freier und gerechter es in einer virtuellen Welt zugeht, wenn diese von Mark Zuckerberg geschaffen und kontrolliert wird, für dessen Konzern das Metaverse letztlich ein wirkliches und kein simuliertes Geschäft sein soll.

100. Spielen Computer besser Schach als Menschen? Seit IBMs Deep Blue 1997 Gary Kasparov besiegt hat, scheint diese Frage beantwortet. Magnus Carlson hätte gegen eine führende Chess Engine nicht den Hauch einer Chance. Fast jeder Amateurspieler (und jeder Profi) benutzt heute Schachprogramme, um Spiele auszuwerten. Jeder Stellungsvorteil und -nachteil wird auf zwei Nachkommastellen berechnet, und Durchschnittsspieler, die vielleicht zwei, drei Züge im Voraus planen können, werfen nicht selten ihrer siegreichen Gegnerin im Nachhinein vor, sie hätte eigentlich verlieren müssen, weil sie einen Fehler gemacht hatte, der 17 Züge später zum Verlust eines Läufers geführt hätte, falls alle folgenden Züge optimal gespielt worden wären. Wurden sie aber nicht, denn Menschen spielen schlechter Schach als Computer – zumindest, wenn «besser» zu sein bedeutet, präziser berechnen zu können, welche Zugfolgen zum Gewinn (oder zum Remis) führen. Wer das glaubt, hat jedoch den Reiz des Schachspiels nicht verstanden.

Im Schach kommt vieles zusammen: eine Vorbereitung, angepasst auf den jeweiligen Gegner, Tagesform, der Wunsch, im richtigen Moment einen überraschenden Zug zu spielen, oder das Lauern auf einen taktischen Fehler. Bei längeren Partien zählt Geduld und Ausdauer, im Schnell- und Blitzschach ein effizientes Timing. Dies alles ist aber nur reizvoll, weil der menschliche Gegner dieselben Ziele verfolgt. Weil er überhaupt Ziele verfolgt. Auch wenn es natürlich ums Gewinnen geht, haben viele Spieler (außerhalb von Turnieren) häufig ein größeres Interesse daran, eine interessante Partie mit originellen Stellungen zu spielen. Ein typisches Problem vieler Chess Engines besteht nämlich darin, dass sie «mechanisch» spielen, was schnell langweilig wird – auch wenn man Chess Engines auf die eigene Spielstärke anpassen kann. Die von Computern vorgeschlagenen Züge (und motivierten Fehlzüge) sind uninteressant, weil kein Mensch nachvollziehen kann, warum dieser oder jener Zug 20 Züge später einen kleinen Vorteil bringen wird. Ein menschlicher Spieler ist immer der «bessere» Gegner, weil es interessant ist, über seine Züge nachzudenken.

Während es bei Schachturnieren untersagt ist, Chess Engines einzusetzen, gilt dies nicht im Fernschach, wo Hilfsmittel – nach Absprache mit dem Gegner – seit jeher erlaubt und verbreitet sind. Es geht dann auch darum, sie geschickt einzusetzen, wobei es natürlich jedem freisteht, ob und welche Hilfsmittel (Bücher, Schachprogramme, Videoanalysen, Expertenratschläge) man wählt. Daraus ergeben sich wiederum hochinteressante Partien, die nicht zwangsläufig derjenige gewinnt, dessen Computer die größere Rechenleistung besitzt (wenngleich ein Computer mit einer gewissen Rechenleistung durchaus hilfreich ist). Ganz im Gegenteil wissen mündige Spieler, wofür man einen Computer benutzt – und wofür nicht.

101. Was tun Sie als nächstes? Instagram öffnen und durch neue Stories klicken? Oder eine DSGVO-Auskunftsanfrage an den Meta-Konzern zu stellen? Falls beides nicht in Frage kommt, oder zumindest noch ein wenig warten kann, sind hier ein paar Anregungen zum Weiterlesen:

Adrian Daub, *Was das Valley denken nennt.*

Lawrence Lessig, *Code. Version 2.0.*

Marshall McLuhan, *Die magischen Kanäle.*

Sebastian Rosengrün, *Künstliche Intelligenz zur Einführung.*

Philipp Staab, *Digitaler Kapitalismus.*

Sherry Turkle, *Verloren unter 100 Freunden.*

Joseph Weizenbaum, *Die Macht der Computer und die Ohnmacht der Vernunft.*

Shoshana Zuboff, *Das Zeitalter des Überwachungskapitalismus.*

Günther Anders, *Die Antiquiertheit des Menschen.*